如何成为一个有涵养的人

晚　空◎主编

北京工艺美术出版社

图书在版编目（CIP）数据

如何成为一个有涵养的人/晚空主编. — 北京：北京工艺美术出版社，2017.8

（励志·坊）

ISBN 978-7-5140-1201-9

Ⅰ.①如… Ⅱ.①晚… Ⅲ.①个人－修养－通俗读物 Ⅳ.①B825-49

中国版本图书馆CIP数据核字（2017）第030001号

出 版 人：陈高潮

责任编辑：李　雪

封面设计：天下装帧设计

责任印制：宋朝晖

如何成为一个有涵养的人

晚 空　主编

出　　版　北京工艺美术出版社

发　　行　北京美联京工图书有限公司

地　　址　北京市朝阳区化工路甲18号

　　　　　　中国北京出版创意产业基地先导区

邮　　编　100124

电　　话　（010）84255105（总编室）

　　　　　　（010）64283630（编辑室）

　　　　　　（010）64280045（发　行）

传　　真　（010）64280045/84255105

网　　址　www.gmcbs.cn

经　　销　全国新华书店

印　　刷　三河市天润建兴印务有限公司

开　　本　710毫米×1000毫米　1/16

印　　张　18

版　　次　2017年8月第1版

印　　次　2018年6月第2次印刷

印　　数　1～6000

书　　号　ISBN 978-7-5140-1201-9

定　　价　39.80元

目录

CONTENTS

parts 01

用鲜花铺满自己心灵的春天

parts 02

懂得转换立场，维护原则

目录
CONTENTS

parts 03

会经营生活，更懂得经营自己

parts
04

底蕴的厚度决定你人生的高度

目录

CONTENTS

parts
05

有教养的生活，让你优雅着温柔

用鲜花铺满自己心灵的春天

面对赞美，

有时候你也需要小心，

你不需要去迎合它们，

你只需要做真实的自己，

依据自己内心的准则去做事。

越是亲近的人 越需要你的尊重

对亲近的人嘲讽毒舌，对陌生的人反而彬彬有礼，是情商低的表现，更是一种病。

——肥肥猫

我们总能听到身边有些人在抱怨，老公怎么怎么不体贴，孩子怎么怎么不听话，父母怎么怎么的固执。

形容出来的每一件事好像都是不能忍受，犯下的都是天大的错误。

在面临对身边的至亲失望的时候，亲爱的朋友，你有没有想过一切都是源于我们没有给到对方足够的尊重？

你有真心尊重家庭里的每一位成员吗？

我想说一些例子。

[语言上的不尊重]

我有一位好朋友。

她父母跟她弟的关系真的可以用水火不容来形容。冰冻三尺非一日之寒，里面有包括她弟没有好好念书，没有好好工作，从小到大就是叫往东就偏要往西等原因，目前更多的原因应该是她弟没有给到她父母一个可以拿得出手告知外人的工作。以至于她的父母会把亲朋好友提问“你儿子现在在做什么工作呀？”这种心里憋屈发泄在她弟弟身上。

秉承她爷爷的传统思想，她父亲是一个极其固执而且专制的人，对于我朋友多次指出他的教育方法有问题，哪怕是可以列举出来，她爸都可以一口否认，她爸认为他对儿女的教育方法都是正确的。

她母亲虽然是一个极其讲道理的人，但是却也是一个脾气火爆，直肠直肚，无论好听的话还是不好听的话都会对自己孩子直口而出的人。

造成了她弟的叛逆，我从客观角度来说，她父母的责任完全推脱不了。（这也是她亲口而且多次跟我说的）

她弟为了避开父母，即使同住一屋檐下，她爸妈也可以好几天见不到她弟的身影。

她父母对此深深地讨厌她弟，对，是讨厌！我没有用错词。

只要她弟一出现在他们面前，迎来的永远都是喋喋不休的辱骂。对，是辱骂。

他专制而固执的父亲会对她弟说，作为儿女，对这个家的所有事情都没有参与，你到底有没有把这里当家，还是把家里只当作一个供你吃饭睡觉的宾馆？

她直肠直肚的母亲就会说，我怎么就生出你这样的东西，早知道这样，我还不如不要儿子。

我和她弟也有接触，他是一个很好的孩子，爱说爱笑，还非常幽默，朋友也很多。每次需要他帮个什么忙，二话不说就来。我与他沟通后，发现他三观也是非常值得肯定的，有自己的想法和见解，对未来还有一定的打算和计划。

为什么这么好的一个男生，在父母眼里就那么不堪呢。

朋友表示，皆因她的父母从来没有肯定过她弟。

每次她弟提出一些新的想法，例如做生意，她父母总是第一时间就反对，原话就是他这种什么都不懂的人，懂什么做生意。或者家里有事情大家商量的时候，他弟的意见也是永远在第一时间就会被父母否定。久而久之，形成了她弟弟对家里的事情一概不管不问。

我朋友们也曾试图去改变家里这样的局面，让她弟尽量多出现在父母面前，但是每一次她弟的出现都会引来父母一顿责骂，有时候还会导致好好的一顿饭，一桌子人都会吃得不开心。弟弟终究忍受不了，选择继而逃之。

朋友表示这令她及其烦恼。

她说："我真的希望我父母，哪怕是那么一点点，也能尊重一下弟弟，尊重一下他的人生选择。"

[行为上的不尊重]

说说我男朋友。

我和他一直都有着很多共同的话题，沟通也是非常舒畅，只是有一点让我们会偶尔闹别扭，就是穿衣打扮。他不像很多男生穿衣打扮可以随便一些，而是有自己的追求及见解。

我一直都喜欢那种打扮得休闲随意的男生，例如牛仔裤、T恤、休闲鞋。但偏偏我这个男朋友是一个喜欢穿衣偏"正经"的，喜欢穿休闲西裤，休闲衬衫还有皮鞋，皮鞋还喜欢带点尖头（哪怕到现在其实我也很难接受），这种稍微有点偏"正经"的类型打扮。

我觉得他的打扮根本就不符合我们的年龄，我们应该打扮得年轻、朝气、有阳光气息，那些"正经"的打扮纯属职场人士的专属。

刚开始的时候他也会根据我的喜好，穿着我买的衣服，像所有潮流的年轻小伙那样牛仔裤、T恤、休闲鞋，上街吃饭聚会。

偶尔陪他上街挑衣服的时候，他其实也会问我，我穿这种好不好？我就会一口否定：不好！他会失落，但是也不曾反抗。

我们也会因为这个问题而偶尔拌嘴，但是从来都不伤大雅。

我以为我们这样很和谐。

可是，我慢慢地发现他穿着我给他买的衣服越来越不好看，不是说衣服买得不好，只是穿上后，从他身上散发出一种很别扭的感觉。

曾经我一度还以为是不是他越来越不好看了，是不是因为跟我在一起时间长了而邋遢随便了，我实在是不喜欢这样的他，看着让我觉得很不舒服。

直到一天，我们在坐电梯，照镜子的时候他无意地跟我说了一句：“我觉得我穿的衣服一点都不好看。”

他那天穿的衣服全部都是我给他买的。

我才认真地反思，不是我买的衣服不好看，是他从心里抵触这些衣服，他从自己的着装上找不到自信。

而且我还剥夺了他打扮自己的机会，强迫他跟着我的思想走。

他因为爱我而选择尊重我去迎合我的喜好，但是我却没有尊重到他的想法。

后来每次去挑选衣服，我都让他挑自己喜欢的，穿着能让自己开心的。

尊重就是一个魔法，它让我又看到了当初那个看起来很顺眼的小伙子。

[对亲近的人毒舌是种病]

在这个普教道德礼仪的社会，我相信身边很多人都能做到尊重他人，例如身边的朋友，我们从不会强迫对方去做一件人家并不想去做的事情，因为我们尊重对方的心里想法。

前面我说到我好朋友的弟弟跟父母不和的例子，她的父母都是与我也算是挺有交情的，有好吃的也不忘叫上我一声。在我的印象里，她的父亲是一个很和蔼可亲，爱说笑的人，每次见到他脸上都是挂着憨憨的笑容的；她的母亲是个很实在的人，如果我身体不舒服，他会做一些好吃的让朋友带给我。

可是对亲戚朋友那么好的一对夫妻，却不能好好地对待自己的儿子。

朋友有时候感慨，如果他们能拿出对待外人一半的好态度去对待弟弟，他们的关系也不至于到今天这样子。

对于朋友或者亲戚以至于陌生人，我们都是有道德的人，因为我们事事处处都会出于尊重，而不会因为别人打翻了一杯茶水，溅到自己的衣服上而生气；也不会因为别人打破了一个自己心爱的杯子而破口大骂，因为那时候我们都知道对方是不小心的，我们会因为对方的真诚道歉而去原谅他。这是我们尊重他人的一种表现。

但是往往面对至亲，我们却做不到尊重。

孩子走了跟自己设想不一致的道路时，会想办法把他拉回来，试图让他走上“正确”的道路，如果孩子不听，就会被绑上叛逆，不孝顺父母，不听话各种罪名。这个时候的你，有尊重了你孩子的想法吗？有尊重了他的人生选择吗？

老公想要玩游戏或者出去跟朋友聚聚会的时候，夺命连环call，拼死地打，就想他回来陪陪你，他不回还一哭二闹三上吊地闹，这时候的你，有尊重过你老公的私人时间吗？你是不知道即使结了婚也需要私人空间的吗？

老婆每天在家做家务，早上起来做早餐，买菜、洗碗、洗衣、拖地、晾衣服、收拾屋子，午餐、晚餐，照顾孩子，照顾父母，你以为都是一件容易的事情吗？要不还你试试？即使这样还得不到你的尊重，还要埋怨饭菜不好吃，屋子不够干净。

我们对至亲的失望，往往都是来自于自身对他人的不尊重，更可悲的是，我们从来没有想过他们也需要被尊重。也不知道他们也需要被认可，家庭的悲剧往往因此而来。

请收起你的理所当然，去了解一下那位让你失望的至亲，我相信你肯定是非常爱他才会对他有所期待，但是我们能不能换一种方式去爱，去了解他的内心需求，尊重他的每一个选择和肯定他的行为。

家庭里的尊重就是不要试图去控制他们的行为，给他们自由，给他们意见或者引导，但是对于决定不多加干涉，这才是真的尊重。

将责任和兴趣平衡起来

小时候，总想长大，觉得长大了，就自由了。可以做很多自己想做的事情，买很多自己想买的东西。

可是，真正进入了社会，成为一个所谓的大人的时候，才明白：成人的世界好累呀。我好想回到童年，做回那个无忧无虑的宝宝。

[1]

我最讨厌喝酒了，尤其是不熟悉的人过来劝酒，我就想把杯子里的酒全部灌到他的胃里去。

当然，只是想想。

然而毕业以后做的财务，每一次部门聚会，都会有各种领导，各种推杯交盏，下属向领导挨个敬酒，领导再回来敬你一遍，同事间再过来敬一下，顺便给你添满。

一桌菜还没有怎么吃，整个人已经饱了。

美其名曰：做财务的怎么能不会喝酒呢？咱们董事长就是从财务出身的，酒量可好了。你们某某同事毕业刚工作的时候，那酒量可不是吹的。

我总是在想：这些话我都听腻了，你们怎么还没说腻呢？

记得工作以后第一次部门聚餐的时候，也是那个样子，一群人围在一张桌子上，吃饭，喝酒，还没吃几口菜，就要站起来举杯，或者被拉过去敬酒。中间的细节已经记不清楚了，只记得大家都喝的晕晕乎乎的，准备回去。

我们先出门的，已经在电梯里面等着了，财务主管和几个后进门的跟领导道完别，走出来。一进电梯门，不知怎么地，财务主管就整个人瘫倒在了地上，没有反应。当时把我们吓坏了。

一个庞大的身躯，几个大男生费了好大力气，才把他挪到酒店客厅的沙发上，让他缓了缓。

那是我第一次见到别人喝成这样，心里不知道什么感受。

后来的聚餐上，依然是这样，一次比一次厉害。我每次看到满满的一杯子液体，明明恶心地想吐，还要收住情绪笑脸相迎将它全部一口气喝下去。即使身边有人因为酒精过敏，被送到了医院，聚会喝酒这种习气从未改变过。

我很不喜欢这样，不喜欢喝酒，不喜欢明明是讨厌的人，却要微笑着寒暄，不喜欢明明很难受，还要强撑着。

但是，我也知道，即使是不喜欢，也要忍下去，不能再凭一时意气用事，毕竟，我们已经过了可以随意任性的年纪。

[2]

几个月前，表哥给我打电话，支支吾吾欲言又止，最后犹豫着说出了事情。

姨父因为突发事件被送到了医院，进行抢救后，要住院治疗。即使是最普通的医院，一天的住院费以及治疗费也得好几千，更别提手术费和其他费用。

表哥家和我们家一样，是普通的农民家庭，父母的收入本来就不多，基本都花在了儿女的读书教育上。他们家去年刚盖了新房，在农村，对于一个刚成年的小伙子，盖新房是很重要的一件事情，因为为了相亲娶媳妇时，不被人嫌弃，也可以给婚后的子女，一个独立的空间。

盖新房子几乎将他们家的家底全部掏空了，还有一点点外债。再出了这事，真的是屋漏偏逢连夜雨。

表哥无奈地跟我说：他才刚毕业，一点积蓄都没有，忽然就出了这事，他整个人都没主意了，真的不知道要怎么办才好。

表哥刚毕业，认识的朋友也大部分都是刚毕业的学生，基本都没什么积蓄。表哥看着自己的银行卡余额，和病床上的父亲，感觉到了空前的绝望和无力感。

看着他无能为力的样子，我也很害怕。

我一直都很愧疚，愧疚父母辛辛苦苦将我养这么大，我却都没能为他们做些什么。每每回家看到父母忙前忙后的样子，就有说不出的心酸。

我多想，赶紧让自己变得强大起来，好让父母可以不用再那么辛苦。

有一个不得不承认的事实：我在一点点长大，父母却在一点点老去。我是真的担心，万一父母有一天身体不适，我连让他们放心去医院的底气，都给不了，那才叫真的不孝。

人们常说，莫欺少年穷。可是少年除了穷，更多的是害怕，因为穷，产生的不可弥补的遗憾。

[3]

电视节目《非诚勿扰》有一期，一个离了两次婚的大叔过来相亲。

大叔很幽默，很自信，长相不赖，也很有趣。

记得那个大叔说：从他年轻时候，到他现在，追他的女孩子不知道有多少，只要他想追的，也一定可以追到。

但是大叔是那种性情中人，不愿意为世俗生活所困扰，喜欢肆意洒脱地生活，说白了，就是想干什么就干什么，说走就走的旅行，说不干就不干的工作。

不愿意被一些事情所羁绊，就想过无拘无束不被人束缚的生活。

大叔有两个孩子，一个被判给了第一任妻子，另外一个孩子在他与第二任妻子离婚后跟着自己生活。

大叔最后没有牵手的原因是：他喜欢打麻将，基本每天都要打，所以如果有人限制他打麻将，这事基本没得商量。

黄澜说："很难说这样的生活理念有什么问题，每个人都有自己选择喜欢的生活方式的权利。"

可是成年了的生活，需要学会将两件事情学会平衡，那就是我愿意和我应该。我愿意代表着兴趣，我喜欢做什么，我愿意过怎样的生活；我应该代表着责任，我必须要做些什么，付出什么。

小时候的我们天真无烦恼，那是因为有大人帮我们承担着责任，去呵护我们的童年。

可是当我成年之后，还一味地追求任性，将任性当成可爱，那是长不大的小孩。

我们是时候承担起自己的责任了，而不是再让父辈去为我们承担，我们也该给他们一份安全感了。

[4]

我看过无数个"别再熬夜"了的文章，甚至我自己都会写，让大家早点睡，熬夜的坏处，我都能背出来，然而我还是依然不能早睡，因为还有事情没有做完。

我也看过无数篇文章：年轻人要把钱花出去，而不是存着。可是我依然守着银行卡里可怜巴巴的工资，一毛都不敢多花，就怕有个万一，给自己留遗憾。

莱姐曾经问过我：真搞不懂，你们到底是为了什么？白天上班，晚上写东西，牺牲了自己的业余时间，累得要死还赚不了什么钱，再把自己的身体搞垮，你们图什么？

说兴趣爱好，不忘初心是真的。但是，还有一大半原因就是想迅速让自己变得强大起来，有能力起来，而不是遇到什么事，都束手无策。

虽然这样的生活方式真的有点累，虽然我也不知道前面的光在哪里，但总想着能多做一点就多做一点，能多拼一些就多拼一些，哪怕有一点点的可能性，也想去多改变一些。

我也有自己想去的地方，想做的事情，想去爬山，想出去玩，想去尝试很多新鲜的事物。但是在做这些的前提下，是要先做好自己本该做好的事情，承担起属于自己的责任。

所谓成年，就是要将责任和兴趣平衡起来，而不是一味地让别人去替你承担责任，去做你应该做的那一部分。

不控制别人 即是尊重别人

友人向我寻求安慰，说她实在无法忍受小姑子的唠叨，甚至辗转反侧，夜不能寐。

友人的小姑子因为丈夫有了第三者，婚姻状况堪忧，她小姑子犹豫是继续忍耐还是一走了之，无论哪种决定都是双刃剑，财产分割，女儿的亲情，等等。她小姑子面对这种局面自然要向最亲的人吐露心声，倾诉痛苦，友人可以理解。但是不管换做谁，周而复始地倾听她们感情中那些陈芝麻烂谷子，付出多与少那些恩恩怨怨的车轱辘话的故事，就像倾听祥林嫂叙述她丢了孩子的痛苦一样。友人说她可以给予同情，给予安慰，给予倾听，但是她晚上睡不着都在像放电影一样播放她小姑子的故事，因为不论友人给出什么样的建议，她小姑子都固执地保有着自己的打算。显然，友人说服不了也安慰不了她的小姑子，但是，她小姑子的痛苦已经波及她的正常生活，友人左右不了却要周而复始地倾听她小姑子的絮叨，友人回避不了这样的亲情却要没完没了地为她小姑子的肥皂剧爱情消耗时光，甚至将那故事变成自己生活的一部分，虽然这个故事跟她一点也没有关系。

当然不管是谁，遇到这样的事，都是很痛苦的，都是需要用很长时间去化解、去成长或是摆脱，错可能在哪个无知的第三者，或是在那不着调的迷失了方向的丈夫，也可能在于当妻子的没有好好修炼对于丈夫的吸引力，但是友人作为嫂子是不应该为这段故事花费无畏的时光的。

友人可能过于善良，将她小姑子的事情当成自己的事在殚精竭虑，但是友人又左右不了她小姑子的想法和做法，那么再多的千方百计都是徒劳无益。

友人可能高估了自己的作用，她小姑子只想当她是个倾听者，只想倾诉她内心的焦虑和困惑，证明她的存在感，而并不需要别人来帮助解决，因为她完全可以为自己的行为负责。

每段感情都有每段感情的高山流水与曲高和寡，每段人生都有那时那刻的落花流水和精彩绝伦。

你不需为他人在情感上的错误消耗时光，也不需要浪费精力，想走的即便你耗费时光也挽留不住，不愿走的自然还停留在你身边。

我宽慰友人，希望她能专注自己的生活和工作，而不要为了控制不了、主宰不了、左右不了的亲人的情感问题耗费过多的时光。

果不其然，过了一段时间，我问友人，后来他们怎么样？原来那小三在外面怀了孕，让她小姑子下定决心离婚，再过了段时间，说她小姑子又找了个小几岁的男友，生活得还不错。连友人自己也觉得自己当初真是跟着无谓得瞎操心，害得自己几个晚上没睡着觉。

别再用别人的错误来消耗自己的时光。

不要让别人按自己设想的方向前进，不控制别人即是尊重别人。

一别两宽，各生欢喜。

让你的内心强大一些

我相信，在每个人的成长过程中都会伴随着些许骂声。比如说幼儿园时，因为对待长辈没有礼貌而被父母骂；小学贪玩不写作业被老师骂；初中正值叛逆期常和同学打架被校长骂；高中违反学校发禁偷偷染头发被打分的学姐骂；大学旷课睡懒觉被辅导员骂；上班迟到被人事经理骂。

既然挨骂这种事很普遍，那么我们又是怎样回应的呢？

我来还原三个骂战现场，你可以看看你属于哪一种。

L先生是我的同事，有一次为了赶进度，不小心把给客户公司的合同中漏了一项重要的条款，等到发现时，已经晚了，造成这单交易至少六位数的损失。老板知道后，大发雷霆，摔烂了烟灰缸、踢坏了办公椅，当众骂他是“没用的猪脑子”。我们在一旁都为他捏了把汗，怕他做出什么冲动的事情，可他却安静地低着头，任由老板数落，然后在第二天等老板气消了，主动提出将自己的工资减少两千来弥补错误。

接下来，他更加认真地工作，在拟定合同时不仅反复查看条款，还格外注意每笔交易的细节，再没有犯过类似的错误。而且他最近签署的几笔合同给公司带来了不小的收益，已经被老板提升为业务主管。

Z小姐的故事是我听大学同学讲的。Z小姐很漂亮英语能力又强，在众多求职者中脱颖而出，被应聘为他们部门的行政助理。起初大家合作得很愉快，但不久就出现了问题。我那个同学接到客户电话，说本应该送到的文件没拿到，同学一想也许是快递路上耽搁了，便好言给客户道歉说再等一天。

谁知过了好几天，对方还是没有收到，同学匆忙赶到快递公司追踪运单号，才发现，快递的地址填错了，竟寄到了另一个客户的手里。同学责问起寄快递的Z小姐，Z小姐却不以为然，辩解说这点小错误没什么。碍于同事一场，我那同学也不好意思深究，只得自己认了倒霉。

后来Z小姐又犯了同样的错误，不过这次，是经理的快递，由于文件相当重要，经理把她叫到办公室一顿臭骂。令人可笑的是，Z小姐非但没有认错，反而指责经理小题大做，态度很不好。结果可想而知了，连试用期都没到，Z小姐就被公司解聘了。

一年前的我还是个职场菜鸟，虽然每天都是竭尽全力完成手上的工作，但有几次还是因为马虎大意，把交给主管的数据核算错误，挨了她的骂。我向来追求完美又脸皮薄，表面上风平浪静，内心却早已翻江倒海，所以挨骂当晚回到家觉得很是委屈，小哭了一场。之后上班时遇到主管总躲着走，上交材料也战战兢兢，生怕又错了再次挨骂。

可越是纠结就越容易疏忽，而且犯的错误越来越低级了，不是把发给主管的压缩包里忘记放文件，就是把公章盖错了位置。主管的脸色愈发难看，我的心情也更加不好，压抑的情绪经久不散蔓延身心，导致那段时间我抵抗力低常生病，头发掉得厉害，生理期紊乱，喝着医院开来的中药调理身体，可却不知道有什么方法可以调理心情。

如果你是属于L先生那样的人，那么就不用往下看了，我要恭喜你，你已经在这残酷的社会中练就了强大的心理，懂得把错误当作成功的动力，胜不骄败不馁，你的未来一定大有作为。如果你是属于Z小姐那样的人，你也不必往下看了，既然你固守己见，觉得犯点小错误无关紧要，我只能祝福你早日遇到一个“不拘小节”的上司。如果你是属于我这样的人，拥有一颗敏感的玻璃心，过分在意别人的看法，可是出现了问题又执拗的不想屈服于人，那么就听我慢慢地把故事讲完。

我心里清楚，身体出现的问题是源于那些坏心情的，而坏心情又是由于频频被主管骂引起的。我便问自己，主管骂我是不是因为我犯了错。我答，是的。我又问，既然知道犯了错误，为什么没能及时改正。我答，我承认我有独生子女身上可悲的公主病，容不得别人说自己。

我继续问，既然之前的做法受到了恶果，我该如何摆正心态呢？我沉默。虽然我很想纠正错误，知道主管骂我是为我好，但自己却始终过不去，觉得挨骂不服气，可短时间呢，又没办法改变性格，练就强大的心理。

于是我便不停地在脑海中回放主管的话，妄想通过洗脑的方式来接受这些指责。就这么想着想着，突然嘴里就冒出了一番话，以气急败坏的语气大声地骂起自己来，小曲，你自己来看看你刚给我传的文件，怎么能这么粗心呢，数据，数据计算错了，格式，格式又是乱的，就你这样的，还想干财务，要是公司把账交给你来做，我敢打赌，不到一个月，我们肯定被税务局举报，有可能要罚交几十万的税款，这责任你担得起吗？你天天待在办公室，还没开始跑银行收付大额货款呢，现在连手头这点事都做不好，心思飘到哪去了，我劝你趁早别干了。

这通话刚说完，我没忍住，扑哧一声大笑起来。虽然话是原封不动照搬主管的，但是由自己说出来，却没有了当初的不服气，竟在大笑之后深深思索起这话的意义。的确，既然要干财务工作，就必须细心严谨，也许小小的一个数字就能造成巨大的损失。等到想通了这一点，我眼中的主管形象也没当初那么可恶了，反倒对她多了几分感激。自然，影响我很长时间的问题终于得到了解决，现在我可以理直气壮地说，我的工作能力受到了全公司的肯定，失误率近为零。

真没想到，对我而言，自骂，这种简单粗暴的方法竟是极为有效的。

说句实话，我们大部分的挨骂都是事出有因的，确实是自己犯了错误。但是由于我们可恶的自尊心作祟，认为自我为主，容不得他人来骂，哪怕这个人位高权重，甚至有时连父母都不例外。而且性格所致，面对骂声，并不是每一个人都能摆脱委屈情绪，抛弃玻璃心，拥有强大的抗压能力。

那么我们怎样才能心甘情愿的接受这些意见，改正自身呢？我个人推荐的方法便是自骂，一来不伤自尊，二来不会因为骂语的难听，冲动的和自己打架，三来如此重复其实是为了加深记忆，忽略气头上的某些污秽之词，剩下的该是极有营养的可用意见。

追溯起来，这道理并不是我凭空臆想的，大概可归于古人的“吾日三省吾身”。

另外值得注意的是，我们只接受应得之骂，那些没有缘由的恶意辱骂就不用接受了，我们犯不上佯装圣人。

现在的我，偶尔还会受到一些批评之音，我都一一把它们汲取过来，每天睡前留个固定的时间，认真地自骂，骂我内向不擅交际、固执而过分较真、懒惰又好高骛远、不顾及别人感受、学习态度不认真、心理承受能力差、办事效率低等，然后再默默地改正。

倘若你也曾如我一般，被遭遇的这些问题所困扰，不妨找个没人的地方，把他人的骂话原原本本的学过来，大声地自骂一番，想必你定会有不一样的惊喜。

没有妒忌之心的感情才算完满

当我们在谈论友情、爱情、亲情这些情感时，在我看来，这些情感，若能幻化成没有妒忌之心的亲情才能算完满。年轻的时候容易犯错，彼此间的争强好胜总会一不小心地变成嫉妒。于是，当你听朋友分享他的喜悦时，你偶会有些失落感，甚至会埋怨命运没有同样的眷顾你。

人活一世，我们最终总应该豁然开朗：锦上添花的人多，雪中送炭的人少。可给你锦上添花的人未必在真心与你交好，雪中送炭的人也未必能在你一朝成名之时与你共享喜悦。

记得我读大学的时候做过一两个月的家教，这期间，我有幸认识了一位退休老干部，她是我家教学生的奶奶。若非她主动提及她的工作，我从未想过，这位慈祥的老人曾经是南京市最年轻的处级女干部。老奶奶总是一脸柔和，不争不抢、不紧不慢地生活着，这样的状态常常让我很羡慕，大概也只有经过了大风大浪的人，才能拥有这份平静的淡然吧。

有一天，恰逢我自己遇到点事，去老奶奶家的时候我的眼眶已经是红润润的。虽然我极力地克制自己的忧伤，可眼泪还是刷刷地往下流。老奶奶见状，轻拍着我的肩膀不停地安慰我，并询问我发生了什么事。人往往更能平静地去舔舐自己的伤口，可一旦有人前来安慰，你的悲伤便会瞬间决堤。

我向老奶奶叙述着详情，如今想来，也不过是一件小事罢了。那时候，学校组织选拔“校十佳大学生”，这项荣誉是对一个学生最大的肯定，也是全校最难获得的奖项之一。经过学院老师商议后，他们决定推选我代表电气学院参加“十佳大学生”的选拔。听到这一好消息的时候，我兴奋地与我的闺蜜分享了喜悦。出乎意料，与我共同成长，一直视彼此为另外一个自己的她在听到这一消息后，毫不掩饰地质问我，为什么没有推选她？此话一出口，她显然也有些后悔，我们面面相觑，竟觉出一丝丝的尴尬来。后来，闺蜜去找了辅导员，直言不讳地对此事表达不满，但大局已定，辅导员只是用了一些不成文的理由搪塞了她。可当我知道这些事的时候，却有种遭到背叛的感觉。那时候，我的世界观非黑即白，没有所谓的灰色地带。因此，我无比的委屈，觉得友谊竟还是战胜不了人善于利己又善妒的考验。当我把这件事原原本本的述说给老奶奶听时，她没有安慰我，而是又给我讲了一个她的故事。

原来，老奶奶在知识青年下乡的时候也结识过一位性情相近的好朋友。她们一直以姐妹相称，亲密地不分彼此。之后，她们都回到了南京，见证了双方从结婚到生子的幸福。在她的姐妹生活不济之时，老奶奶经常倾囊相助，给她送去吃穿用的东西。可久而久之，这样的好心竟让她的闺蜜产生了强烈的自卑感，这样的自卑感又不知从何时起转换成了嫉妒，她的闺蜜竟然诬告她贪污受贿。当然，这样的举报不过是子虚乌有而已，可这段友谊却自此画上了句号。

后来，她闺蜜的老公发了家。老奶奶从他们共同的朋友那里听说，许多在她贫困潦倒的时候与她断了联系的朋友如今都开始向她靠拢。她们经常约她一起逛街、打麻将、做SPA，当然，她们也大多是有事相求，比如，求个工作，求个门路等。老奶奶每每听说关于她的好消息时总是笑而不语。很多人都以为老奶奶是嫉妒闺蜜如今富太的生活，但老奶奶告诉我，在她的内心里，从来没有忘记她们做知青的时候，彼此一起走过的日子，所以，她只是不愿意做锦上添花的人，但却是从内心里真心替她高兴的人。人生无常，她闺蜜的老公在发家后不久便出了轨，而且无耻地将身无分文的她赶出家门。老奶奶说，那天天很冷，她在凌晨的时候接到了她姐姐的电话，虽然已经多年未曾联系，她在接到她电话的时候，便已经预感到她出事了。老奶奶大半夜将她接来自己的家，并将孙女的床让给她睡。那一夜，她安静地听她絮絮叨叨地诅咒她那绝情、卑鄙的老公，听她抱怨这些年，老奶奶竟狠心不与她联系。老奶奶抱着不停哭泣的她说："比起锦上添花，我更愿意做你雪中送炭的人。这些年，我并没有因为你举报我的事而记恨过你，也从来没有因为你过得如此风光而嫉妒过你。这大概就是我理解的最好的友谊。"最后，老奶奶替她找了律师，成功地帮她分得了她应得的财产。

老奶奶讲完故事的时候告诉我，人最可怕的便是嫉妒之心，嫉妒不同于欲望，它不能促使你与你的朋友共同前进，只会绑架你去破坏你朋友原本美好的生活。去与你的朋友分享她的喜悦，在她需要帮助的时候出手相助，真情，总能化解这世间所有的炎凉。

为什么我们听了那么多的道理，却仍旧过不好这一生？因为，我们只是在听这些道理，却从未身体力行。作为一个笔者，我想我至少应该是真诚的，所以，我愿意在此剖析曾经那个善妒的自己。

大学毕业后，我继续读取研究生，我的闺蜜则找了份不错的工作。于是，她开始比我富有，我常常有意识的疏远她，因为看到她不停装进新衣服的衣橱，不间断有化妆品进入的梳妆台时我会去比较。这样的比较倒还不算恐怖，可当她告诉我，她找到了一个绅士、多金、多才的男朋友时，我内心的嫉妒之火便开始蔓延。虽然我并未做过伤害她的事，可每每她与我分享她与他之间浪漫的爱情故事时，我再也不是一个倾听者的身份，我甚至偶尔还会诅咒他们尽快分手。

再后来，我们渐渐疏远了，可在我最无助的时候，她还是如我亲人般在半夜里打车来学校陪我。那一夜，我们彻谈了一宿，从大学时候选举“十佳大学生”开始聊到后来我们各自的境遇，彼此在坦诚了双方曾经有过的嫉妒之心后，便开始互相“嘲讽”。原来，谁都有过一段不光彩的内心世界，她也曾因为我获得过的荣誉而嫉妒我，我也曾因为她找到了一个体面的男朋友而愤恨不平。可感谢岁月，让我们在彼此落魄的时候互相陪伴，互相宽慰，从此便知，这世间，一定有那么一个人，如家人一般，不仅能与你共苦，还能真心地与你分享喜悦。

人心这东西最容易被蛊惑、被蒙蔽，我们往往更愿意去同情别人不幸的遭遇，因为你会抱有这样的心理：原来，在这寒凉的世间，还有人比你过得更惨。但我们却并没那么容易学会心平气和地去分享别人的成功，因为你常常看不到别人的努力，你只觉得他们仅仅是比你幸运而已。嫉妒大概是人性里最可怕的东西了吧，它会将纯洁和善良变成冷漠和虚伪；它会蛊惑我们挖空心思地去破坏别人的幸福；它会摧毁你的任性，诱导你用流言蜚语重伤曾经对你无比重要的人。这世间所有的相遇都是难得的缘分，而无论在困境还是逆境里的陪伴，都是我所能想象的最美的故事，那么此生，苟富贵，勿相妒吧。

没人看见的时候，你更要注意自己的言行

一位朋友去商场的洗手间洗手，不经意间发现里面有异响，于是进去里面一探，只见一个外国的小男孩，大概六七岁的样子，低着头摆弄着抽水马桶，一会儿冲水，一会儿打开盖子捣鼓着什么，声音乒乒乓乓好不热闹。

朋友好奇，就走过去看，只见那小男孩满头大汗，手忙脚乱，溅出的水湿了他身上的小西装马甲。

见此情景，朋友觉得又滑稽又心疼，赶忙告诉他，你可能修不好，放着吧，待会儿清洁阿姨打扫的时候看见坏了就会找人来修的。

小男孩抬头看了我朋友一眼，那蓝色的眼眸亮得跟水晶一样，红着脸说道，刚刚我用完就坏了，是我弄坏的，我得把它修好，不然别人没法用了。

我朋友刚想说，这很可能不是你弄坏的，但转念一想，如果不是他弄坏的，那弄坏的人为什么不修好它呢？看着那水晶一般的眼睛，于是哈哈一笑便欣然加入了修马桶的行列。

经过近15分钟的捣鼓，终于搞定了，小男孩露出了灿烂的笑容，对着我朋友连连道谢，便消失在了商场的人群中。

朋友却久久不能平静，那蓝色的眼眸亮得异常刺眼。

对于神州大地上普遍秉持的“没人看见就等于没干”的逻辑，这个故事可能会让很多人心里咯噔一下。这让我想到世界上很多地方都有的无人超市，其实在北京、杭州也有过，不过只一天以后就恢复到了“有人”状态，原因不

言自明。

这一切，都与“慎独”这种品质有关。慎独，最早由庄子提出，不过却是儒家将其发扬光大。“慎独”按现代语序应该叫“独慎”，指的是在独处或无人注意的时候，行为也必须谨慎、一丝不苟。它是个人品行的最高评判标准，为什么呢？因为人的大多数本性是主“恶”的，但为了利于种族繁衍，利于团结协作，人创造了很多法律、规则、道德等来束缚这些本性，对于露出“恶”之本性的人，人类会纠集团队里的多数人对其进行惩罚、制裁，用一个框架化的外部环境来约束、震慑欲显“恶”之人。因此，当外界的束缚越小，人自然越容易表现出作为人的种种“本性”，这却正是“慎独”的高贵所在。

昨天到H&M试了几件衣服，我是把它们一次性拿进试衣间的，试了一圈没有一件合适的，就都拿出来，一件件找它们原来的位置，一件件挂回去。这时来了一位二十几岁的女子，问我店里能不能用支付宝，我一下就意识到了，她把我当成店员了，我只能解释说，不好意思，我不是这里的店员。难道我穿得像店员？显然不是，是我的行为让她以为我是店里的店员。这说明了一个问题，就是在她的脑子里，会不嫌麻烦地跑东跑西一件件往上挂衣服的，这只能是店员干出来的事儿，我想她平时一定是习惯于趁没人就直接扔那儿了，才会有这样的思维模式。

上面已经讲了，“慎独”是一种难得的高贵品质，那是不是在无人超市诚信购物的人们或者是我，就拥有了这种品质了呢？不能这么说，因为诱惑不够强。超市里买东西一般就几百块钱，对于一般有道德感的人来说，违背自己内心的道德感是有羞耻感的，为了几百块而让羞耻感跑出来，不值当。而对于我也是一样，挂几件衣服，也不是上刀山下油锅，我自然可以很体面地“善待”自己的内心。但如果将筹码加大呢？我想就谁也不敢说了。

后汉书里有一个“暮夜无知”的故事。

杨震赴任东莱太守途经昌邑，曾被他推荐为昌邑县令的王密深夜拜见，想送他十斤黄金作为感谢。杨震说："我了解你，你却不了解我。"王密说了，大半夜没人知道（心说这儿一个人没有还跟我装大尾巴狼呢）。杨震说："天知地知你知我知，你怎么能说没人知道？"

杨震的意思是我推荐你做县令是因为你的才华，你却以为我是为了钱。在这个故事里，杨震固然让人肃然起敬，但很多事情，我们知其然，还要知其所以然，也就是"君子"是怎样炼成的。

在送礼收礼环节中，你知我知是必不可少的，否则这送礼收礼就没了意义。所以，另杨震不收礼金的原因是天知地知。这里就扯出了杨震之所以能这样做的原因，是因为他是个有信仰的人，他相信举头三尺有神明，他相信他做的任何事天地都能看得到，也会得到因果报应（如果不相信报应，那天地看到就看到了，没有后果，就没有敬畏）。

扯上了信仰，事情就不一样了，信仰的主体一般来说都是无处不在，无所不明的，因此杨震是认为自己的一举一动是时刻受到监视的，才会有"君子"行为。显然，"慎独"的独是独自一人的意思，而杨震认为天地一直与其同在，因此还是算不得"慎独"。

"慎独"这件事是如此艰难，如果你就是相信你可以在一个无限大的诱惑中保持清醒，那你就是个有德行的人。曾子说，十目所视，十手所指，其严乎。真正有德行的人，从来不考验自己，因为他知道人性经不得考验。他之所以拥有德行就是将自己置于十目所视，十手所指的境地，虽然达不到慎独的境界，但至少在开放的环境下，让自己羞于作恶，只能从善。说白了，如果每个人都说你是好人，先背上一个"名声"的压力，你又把每件事情都有意暴露在大家眼皮子底下，你自然也就不好意思当着大家面干坏事儿，干着干着你就真把好事干习惯了。

似杨震这般，已经算是有德行的人了，但他之所以还算不得“慎独”，是因为他对信仰的理解还是偏差了。不管是信仰上帝还是信仰神佛，抑或是信仰天地也罢，很多人如杨震一般都将信仰看成了一个具象化的实体，比如“保佑”一词就是这么来的，所谓保佑，就是向一个具象化的实体摇尾乞怜，把自己当成乞丐，想不劳而获一些东西，这样的人就信错了。信仰，是指代一种心性，是修行的彼岸。这个彼岸是永远到不了的，但这种心性可以照亮你前进的道路，让你在修行中得到满足和升华。

只要你是不断进步着的，你的人生考验就会越来越多、越来越大，“慎独”恰如那盏灯塔，虽然这场修行永无止境，虽然这个彼岸遥不可及，但在这条布满荆棘的道路上，它为你照亮了前路，指明了方向。

做一个真诚而坦率的人

上星期的某一天晚上，我和一位朋友在西单附近吃饭。席间我们高谈阔论，指点江山，臧否人物，言必及王小波、余杰、村上春树、奥尔罕·帕慕克，聊的十分尽兴。大约到了9点多，我们方才起身结账，各自回家。我踏上地铁之前，忽然看到一处还没收摊的报刊亭，就走了过去。从西单到四惠东大约11站，全程要30多分钟，我必须得买点什么东西消遣。

我的视线从《科学美国人》扫到《译林》，然后又从《看电影》扫到《三联文化周刊》，来回溜达了五六分钟仍旧游移不决，直到摊主不耐烦说要收摊了，我才催促自己下了决心，在摊子上抓了一本《读者》，匆匆离去。在地铁里，我捧着《读者》看得津津有味，全然不顾自己曾经一逮着机会就嘲讽这本杂志的种种劣行。《读者》剎时很是不错，我在西单等地铁的时候翻开扉页寄语，在建国门看到中缝后的笑话栏目，然后四惠东地铁停稳的一瞬间，我刚好扫完封底的广告。

尽管我一下车就把《读者》顺手塞进垃圾筒内，扬长而去，但我必须承认：我在刚才的30分钟过得很愉悦，那些小布尔乔亚式温情故事和心灵鸡汤让我发酵出一种中产阶级的微微醺意。

我上上星期去了一趟三联书店，用公司发的雅高卡买了许多一直想要但很贵的书，比如王鸣盛的《十七史商榷》、张岩的《审核古文案》、杨宽的《中国古代都城制度史》、《百变小红帽——一则童话三百年的演变》，还有若干本“大家小书”系列的小册子。买新书是一件令人愉悦的事，尤其是买了这么多看起来既深沉又有内涵的文化书籍之后，感觉旁人注视自己的眼神都多了几分恭敬。我捧着这些书兴致勃勃地回到家里，把它们一本一本摆在书架上，心里盘算哪些书以后写东西用得着；哪些书以后吹牛用得着；哪些书可以增加自己的修为和学问。

盘算到一半的时候，腹中忽有触动，五谷轮回，山雨欲来。我的视线飞过这些崭新的有“内涵”的书，抽出一本机器猫，匆忙跑进厕所……

类似的事情其实经常发生。比如跑去看现代艺术画展，最后发现真正停留超过两分钟欣赏的，都是裸女主题油画；买来许多经典DVD，最后挑拣出来搁进影碟机的只有《恐怖星球》和《料理鼠王》，看到男主角居然是大厨古斯特的私生子时，还乱感动了一把；往PSP里灌了300多种历代典籍文献，然后只是一味玩《分裂细胞》——甚至当我前天偶尔在手机里下载了一款类似口袋妖怪的JAVA游戏以后，我连PSP都不玩了，每天在班车上和地铁里不停地按动手机键，就如同一位真正的无聊上班族。

我有一次看到《Little Britannia》里有个桥段：男主角之一跑去一家高级法国餐厅吃饭，对着白发苍苍的老侍应生说：“给我来份加大的麦辣汉堡。”

这让我莫名亲切。我把这个发现跟朋友们说，他们都纷纷表示自己也有类似的经历。有人拟定了全套瑜伽健身计划，然后周末在家里睡足两天；还有人买了精致的手动咖啡磨，然后摆在最醒目的位置，继续喝速溶伴侣。最后大家一起唉声叹气，试图要把这个发现上升到哲学高度，提炼出一点什么精神感悟，让自己上个层次什么的。

但是这个努力“可耻”地失败了，于是我们发现这是一种感染范围很广泛的疾病。

简单来说，下里巴症候群是这样一种病：我们会努力要做一个风雅的人、一个高尚的人，一个脱离了低级趣味的人，结果还是在最不经意的时候暴露出自己的俗人本质。我们试图跟着阳春白雪的调子高唱，脑子里想的却总是阳春面和白雪公主。

一般这种疾病分成两个阶段：第一个阶段是你发现了“超我”，折射到现实社会，就是你买了一台西电KS-16608L；第二个阶段是你发现了“本我”，每天晚上都用这玩意儿听《两只蝴蝶》。

其实仔细想想，这种疾病或者说生活状态很不错，一来可以满足自己的虚荣心；二来又不会真正让自己难受——要知道，让一个俗人去勉强风雅，比让一个风雅的人勉强去俗气更不容易，毕竟不是每个人都像郭沫若那样进退自如，能写出《凤凰涅槃》和《咒麻雀》来。

按照文法，在文章的结尾应该提纲挈领，但是刚才已经失败了，现在也不会有什么成功的可能。所以我还是以一个隽永温馨的哲理小故事作为结尾。

我有一个朋友R。有一次，我们一群人去看一部话剧。当时去得早了，话剧还没开演。百无聊赖之下，我们就跑到附近的一家书店闲逛。我偶尔瞥到其中一个书架上放着一些关于佛教的书，忽然下里巴症又发作，于是微皱眉头，用轻松安详的语气对恰好在旁边的R说：“最近俗务缠身，我忽然很想看看禅宗的精神，让自己的心空一下，也未尝不是件愉悦的事。”

R没理我。我低头一看，R原来正蹲在地上，聚精会神地捧着从书架角落里拿出来的大书。“

你在看什么？”R把书举了起来，我首先看到的是R愉悦的表情，然后是封面硕大的字体：“慈禧美容秘籍。”

R的真诚和坦率就如同初春的阳光，我看到自己虚伪的面具惭愧地开始融化。心灵被震撼的我扔下了南怀瑾、南怀仁和慧能，毫无矫饰地抽出一本《奇侠杨小邪》。

我的内心学着《发条橙》结尾的阿历克斯，大声呐喊："I was cured all right。"

真是个美好的故事。

不忘初心，才会让你不迷失自己

十年前，我从山东小城只身来到北京，考电影学院。如今在雾霾沉沉的北京，回首看那段初生牛犊不怕虎的时光，心中依然感慨万千。

说来有些现实，彼时铁了心要当一名艺术生，不是有多热爱艺术，而是数学成绩实在太差，而那一年，如果考上了，高考总分数学则可以不用计入。

这是我在山东这样的高考大省考上大学的最佳捷径。

也许，也是唯一捷径。

父母自然是不同意的，电影学院啊，那么高大上，充斥了各色的神秘光环，怎么是我这样的小城孩子能考上的呢？在他们看来，我的毅然决然，无异于是一种自取其辱。他们不希望我受伤。

可他们终于还是犟不过我，放我去了。

2004年的初春，偌大的北京城，便多了一个努力在掩盖自己惶恐的少年，抚着一颗颤颤巍巍的心，一次次地站在电影学院初试、二试、三试的艺考榜前，带着笑或是沉默。

面试当日，我起了个早，去西单买了一身在当时的我看来很妥帖的衣服，花掉了身上大部分的钱。

曾经觉得那是某种虚荣，如今看来，却有些疼惜自己当时破釜沉舟般的不自信。

可能已经做好了输掉这场战役的准备，却只是想留下一个体面的身影，我有我自己卑微的小骄傲。

后来，竟然考上了，顺遂得直到我高考结束，拿到录取通知书，我还觉得是梦一场。

那年9月，我踏上离家的火车，人生就此改变。

一个人在北京摸爬滚打的时光，大部分时候都不会一帆风顺。不是没有怀念过那个安静的小城，人们需要得很少，快乐很容易也很简单；不是没有熬不下去的时候，赶稿赶到深夜在电脑前崩溃大哭，生病了，只身瑟缩在床上难过得不知电话要打给谁；有那么多委屈涌至喉头，在电话里听到父母的声音却只能报喜不报忧；不是没有打包好了行李，决定离开北京回家的瞬间。

可每每那个时候，当初那个什么都不会，只因为觉得自己写东西不错，就执拗地要来北京考试的怯弱少年就会浮现眼前，提醒我自己，离去未尝不可，可既然如此，当初又何必铁了心殊死一搏？

是啊，当初为什么要来北京呢？

无非是不甘于自己的人生就这样了，所以寄于艺术这样一个梦，试着生活在别处，试着给自己更多可能。

人生可供选择的路很多，有坦途，有崎岖，趋利避害是一种生物本能，勇于挑战也是某种生存之道。人生很简单——你承担，你付出，你比别人勇敢一些，然后你就过上好一点的生活。

只是，走得再远再累，过得再好再顺，也别忘了当初为何出发。

只有不忘初心，才会让你不迷失自己，让你这一生，朝着没有白白虚度，向着无怨无悔，更近一步。

我其实很怀念十年前的那个自己，也很想谢谢他。

别让赞美成为你的枷锁

下班路上听樊登读书会的节目，有一期讲到教育孩子，观点是要给孩子无条件的爱和安全感。但是很多父母自己都没有安全感，他讲到一位母亲，这位母亲去开家长会，回到家之后非常歇斯底里，因为老师没有表扬自己的小孩。别的小孩都被赞美或表扬了，唯独自己的小孩没有受到半句的表扬，她很崩溃，觉得自己的孩子真的不够好。

这位母亲为什么那么在意老师的赞美？因为她没有建立内在的价值体系。只有当别人肯定她的时候，她才觉得自己是好的；别人没有赞美她，她就觉得自己不好。

没有建立内在的价值体系，把对自己的认知建立在外界的评价体系中，是我们内心安全感匮乏的根本原因。

我想起我小时候，是那种典型的“别人家的小孩”，每次考试总是前三名，担任少先队大队长，班长，在学校里面是风云人物。总是收获老师和家长的赞美，因此我的虚荣心特别强，去外校参加比赛，也要特意戴着大队长的三道杠；平时对怎样取悦老师和家长很有一套。

那时候我真的快乐吗？不，我每天都诚惶诚恐，担心哪件事做得不好，或者哪句话说错了，老师或父母就不再喜欢我。

长大之后，我却成了和小时候截然相反的人：讨厌规则，讨厌形式主义，在集体中喜欢做一个边缘人物，是个不折不扣的自由主义者。王小波一生在向自由致敬，他是我的偶像。

现在想来，小时候的我，做了那么多违心的事情取悦老师和父母，就是被赞美绑架了。

我们为什么需要别人的赞美？

威利·詹姆斯说过，人性至深的本质，是被人所重视。

这没有错。但是如果一个人太过看重别人的赞美，可能是因为他没有建立清晰的三观和核心自信。一个不自信的人，很容易活在外界的价值体系里，别人的赞美就有可能是你的枷锁。

比如全世界都在歌颂赞美母爱，我有时候觉得这不过是男权世界的阴谋。母亲是伟大的，所以你必须要为家庭为孩子付出，不然你就不是一个合格的妈妈。其实这种对母爱的赞美，成了很多职场妈妈的心灵枷锁，她们会为加班回家晚了，就觉得对家庭和孩子愧疚。

荞麦说得好，对女人的赞美就是她们的枷锁，对男人的调侃就是对他们的纵容。

很多姑娘一直很懂事，也被一直称赞为好姑娘，总是为别人考虑很多，可是别人未必重视她。好男人总是被“坏”女人吸引，“渣男收割机”却大多吸引好姑娘。

为什么？因为你太在乎别人的肯定和赞美，有时候会不自觉得变成圣母心。

我们身边也有很多这样的人，他们听不得别人的好话，一句赞美就可以让他违背自己的本意，做出自己本来不情愿的事。

比如我一个亲戚，自己本来也没什么钱，可是他的朋友们总喜欢跟他借钱，每次他都不想借，但是每次他都不会拒绝。

为什么呢？因为他是那种没有社会地位的人，又强烈渴望得到别人的认同肯定，对别人的滥美之词毫无抵抗力。所以即使理智上并不情愿，几杯酒下肚，一筐好话一听，就稀里糊涂答应了，使得他本来就拮据的家，更加一贫如洗。

很多人也深谙此道。当需要请求别人帮助的时候，放出“我喜欢你”的大招，经常可以拉近两人的距离，轻而易举把事情办成。不过很多情况下这招会失效。

最近很多商家找我合作投放广告，前几天有个女孩给我发了文案之后，我觉得还不错，聊得也蛮开心，就给了她报价。

结果她说，不能免费吗？因为我很喜欢你啊。

不好意思，不给钱的合作都是耍流氓。立即“拉黑”。

当一个人建立了核心自信和清晰的三观，他就不会被外界的评价所影响，不会被别人的赞美绑架。

你喜欢我，我不会因此觉得自己很棒；你不喜欢我，我也不会因此觉得自己很差劲。无论你是谁。

因为我知道，我真的很棒，我对自己非常满意。不管别人认同与否，我都喜欢自己。

所以面对赞美，有时候你也需要小心，你不需要去迎合他们，你只需要做真实的自己，依据自己内心的准则去做事。

别让赞美成为你的枷锁。

回归你本应拥有的世界

［1］

不知道大家是否还记得3岁以前的生活，是否还记得6岁之前的事。

心理学家认为，人的性格在6岁之前就已经确定，而中国也有俗语称“3岁看大，7岁看老”。

人的性格，在6岁以前就基本定型了。这个理论既是人类经验的积累，又得到科学研究的有力证明。

虽然人在6岁前有很多事是无法自己左右的，有最亲近抚养人的痕迹，但是大多数人的童年都是天真无邪的。

所以，那种天真无邪的天性一直深深地隐藏在我们的心底，以至于我们都忘记内心还保有这么纯洁的世界。

［2］

曾执着地研究过一段时间的饮食，从喝的东西开始，迷恋过各种蔬菜果汁，换着法地喝过绿茶、红茶、茉莉花、玫瑰花、金银花等各种茶，后来决定就喝白开水。

做过各种营养粥，红豆、绿豆、黄豆、黑豆各种杂粮混在一起，但是现在最喜欢喝白米粥。

喜欢各种花式面包，带水果的，带红豆的，但是现在觉得白面做的白色的东西最靠谱。

那些花花绿绿的，五颜六色的，对身体带来好处的同时，也多多少少带来不利的影响。

比如蔬菜瓜果都打成汁喝的话，不利于牙齿的咀嚼。

绿茶、花茶喝多了胃寒凉的人受不了。

各种豆类吃多了，嘌呤含量高，对有些人的身体不适合。

面包上的很多水果不是新鲜的，而且含糖量比较高。

这些东西，都适合浅尝辄止，不适合每时每刻、日复一日地重复。

这时候，我才恍然大悟，适合身体的永远是那些最简单的东西。

不然白米、白面怎么会成为主食？不然白水怎么会成为每日必需的饮品？

这不是我们研究出来的，是老祖宗一辈辈积累下来，一代代流传下来的。

经验就在那里，但是我们只知其然，而不知其所以然。

虽然有时候我们会去怀疑，会去挑战，但是经过一番辛苦，我们终究会发现，纯色的食物才是主流，才是主题曲，而那些多姿多彩的更适合做插曲。

[3]

这很像我们的人生。

我们习惯了一种生活，总要去尝试、挑战，却发现另一种生活也未必就像想象的那么容易。

比如有些人很喜欢跳槽，一旦换了工作，就总是静不下来，总觉得有更好薪水和环境的工作在招手。

当然也不排除有些人，越跳薪水越高，越跳平台越大，而更多的人跳来跳去，不光折腾，薪水总体来说并没有提高多少。

毕竟每家单位或公司顶尖的人物也就那么几个，发展到一定程度很容易就遇到瓶颈，遇到天花板。

与其折腾，不如在工作中积累和沉淀，寻找自己真正感兴趣的领域，潜心研究，才会发现永无止境的价值感。

爱上工作，追求内心真正向往的，回归简约与宁静，回归质朴与纯真，不为名利所惑心，才会找到发挥自我价值的途径，才不会在高薪等各种诱惑面前迷失方向，才不会在名和利的欲望中折戟沉沙。

[4]

我们对人、对事、对人生的理解都有个过程，就像我们看硬币，如果只看到一面的话，往往会做出片面的判断。

但只要我们敢于总结，敢于借鉴，常常思考人生的真意，常常回归人性的本心，就很容易找到属于自己的颜色，发现自己本应拥有的色彩，而不被五彩斑斓的世界所惑心。

曹雪芹在《红楼梦》里就借林黛玉的《葬花吟》说过，“质本洁来还洁去”。你不相信，只不过你还没领悟到时候。

当你开启内心的回归之旅时，你一定会深刻领悟这句话的含义，会领略到返璞归真的真正意境。

杨绛在《一百岁感言》中写道，我们曾如此渴望命运的波澜，到最后才发现：人生曼妙的风景，竟是内心的淡定与从容。我们曾如此期盼外界的认可，到最后才知道，世界是自己的，与他人毫无关系。

《圣经》中也有一句话，“尘归尘，土归土，让往生者安宁，让在世者重获解脱”。自己认领属于自己的命运，自己回归自己本应拥有的世界。

尘归尘，土归土，这才是返璞归真的意境。

那么，其他的，又何必在意呢。

有趣才不是一味地讨好

这世界从来不会讨好任何人，每个人都会面临不同的困境，所谓的有趣，都是拿来抵挡无趣和困苦的，不是谈资，更不该是讨好。

最近，“有趣”这个词又红了。

20几岁的时候，我渴望认识有趣的人，渴望做有趣的人。

那个时候，我认为的有趣是博览群书，是美食达人，是各种厉害的角色，有着很多不同寻常的人生经历。

十年后，我知道，年轻人如此渴望有趣，是因为太缺这些，也太不懂得如何去拥有这些。

一个人活的平淡无奇，自然会对身边一切看似普通的人都提不起兴趣，对各类“不同寻常”的人眼冒星星。只有在追求“有趣”的过程中吃亏上当，才会发现，自己对有趣的追求和审美存在问题。

到底什么人才是真的有趣？

“有趣”，真不是什么高不可攀的词。我所理解的有趣是：

一个人的任性遇到了另一个人的了解。

一个人的放纵遇到了另一个人的陪伴。

一个人的坦诚遇到了另一个人的坦诚。

[我只对你任性]

今年春天，我的朋友们来探望我。我开着车带着她们三个人，走到一个路口，等灯的时候，旁边一个车拼命地挤过来。我按下车窗，对那个男司机大声说：别挤了，行不行，给我点空间！结果她们仨扑哧就笑了。那个男司机也不好意思地笑了。

我问她们笑什么，她们说：不知道为什么，就是觉得这个画面好有趣。一般人应该看不到。

闺蜜至今还念叨多年前，她挤在我小公寓时，最喜欢见我在楼下和摆摊卖水果的调侃："怎么今天贵了一块钱啊，我前天才买过呢。"她说："见惯了你不差钱的样子，但我更爱你这烟火的一面。"

只有真正爱你、了解你的人，才会觉得这样的你是有趣的吧。

不懂的人，只会觉得：这个人脾气大概不太好吧。这个人怎么这么抠门，为了一块钱讨价还价。

但是，在她们眼里，她们见到的是：一个大部分时间都理性妥帖的我，也有任性的一面，也有不那么端庄的一面，也有和小摊小贩拉家常的时候。

她们更爱你不完美的样子，并且认为这才是真正有趣的地方。

只有真正喜欢一个人，才会觉得他害羞的样子有趣，忍不住逗弄。不喜欢，就会觉得这是无趣、自卑，甚至是打扰。

只有真正喜欢一个人，才会连带看他出糗都觉得有趣。不喜欢，就会觉得简直太笨了、太丑了。

只有真正了解一个人的好，面对她的无理取闹，还能笑出来。不喜欢，多相处一秒钟，都觉得多余。

[无趣都是遇错了对象]

所以，这世上的无趣，大部分都是遇错了对象。

每个人的有趣，不是所有人都能了解的，也不是所有人都愿意陪伴的。

因为有趣，都是需要付出代价的，都是需要累积的。时间会让有的人越来越有趣，也会令有些人越来越无趣。

我们当然更愿意和那些有趣的人在一起，但普通人不是梁朝伟，可以说走就走，买个头等舱去欧洲喂鸽子。普通人也不是喜宝，坐个经济舱，也能遇到富豪的女儿。

小说里，常有这样的场景，女主角不善言谈躲在角落，偏偏男主角看出她的有趣，跑过去搭讪。这种剧情，我是不信的。这样的故事，只因女主角太美丽。

对于普通人而言，有趣不过是，放下成熟理性，而那一刻，有人愿意陪着我纵容我。

我突然想吃那一家店的热干面，你陪我去。我突然怀念那一家的串串，你告诉我，现在还没有打烊。我做了一个别人都觉得傻的选择，你说：只要你愿意，我就陪着你。我说要辞职去旅行，你说：我陪你一起去。

有趣的人，总是成对出现、扎堆出现的。因为有趣，往往是被激发出来的。

很多姑娘在闺蜜眼里温暖有趣，可却在相亲时候，冷若冰霜。有的男性，在同事面前，风趣幽默，一遇到姑娘就呆若木鸡。

所以，有趣往往是一种化学反应。和对的人在一起，才有火花四溅。

对于我来说，有几个朋友是能够在深夜，让我从床上爬起来的。不管明天有什么事发生，今天该喝酒就举杯，吃到凌晨三点。只因为，这一生，我们拥有的自由太少了，能陪有趣的人、靠谱的人不羁放纵，这样的机会真的并不多。

人生之中，能遇到这样的情感，才是奢侈的，才是最高级别的有趣。

有的人再有趣，和你的人生也没有太大的关系，那是别人的，不是属于你的。

[我只对你任性真正的有趣，绝不是套路]

生活中，我常常遇到一种情况，年轻的姑娘跟我说：遇到一个十分有趣的男人，多么的有趣。可真正见了面，尤其多见几次，有阅历的女人会发现：那些不过是套路。

太多人见到的有趣，早已变了味。同样的笑话，反复跟不同的女人说过。同样的人生励志，美化过之后，对着不明真相的人说了一遍又一遍。你以为的有些有趣，很可能只是因为你善良软弱没见识而已。

我见过的，真正有趣的人并不多。

他们内心有一个自己的王国，有一套自己对世界的理解，有自己的生活方式，有自己的一套审美。但这些，绝不是拿来炫耀的谈资，而是自然地流露。不是对外有趣，对内无趣。对妻子横眉冷对，对情人温情脉脉，这不是有趣，这只是追逐的手段。

在我眼里，只有保留真性情的人，才是有趣的。

他们以坦诚，抵挡着虚伪；以懂得，抵挡着无知；以万物有灵，抵挡着世风日下。

有趣的人，总会遇到另一些有趣的人。而那些无趣的人，很难变成真正有趣的人。

因为，真正有趣的人，都是疲惫生活里的英雄，是不肯完全妥协的美丽心灵。

用快乐填充自己的平常生活

有些时候，经历一些挫折，面对一些失败是一件很好的事情。并不是面对所有的挫折和失败时都要板着面孔，有时候它们会显得必要，甚至有些可爱。

我们经常会提到爱迪生，提到他在为人类寻找光明的时候，曾经有一万多次的失败，这其实都是引用这个事例的人们自己的看法。爱迪生自己并不这样看。有记者曾经就他发明电灯泡一例，借常人的看法提问他，爱迪生回答：“我哪里是失败了一万多次？其实我是成功地找到了一万多种不适用做灯泡的材料。”由此我们不难判断，爱迪生的发明生涯充满着探索的乐趣，挑战的乐趣，不断提出问题并解决问题的乐趣，他在他的发明世界里享受的快乐，是一般的人不能感觉和享受得到的。

我们知道，鲜花和掌声营造的只是一种氛围，而幸福和快乐只是一种感觉，世界上许多的事情都与人们对待事物的态度以及心境有关，不同的人在同一时间做同一件事情，会有不同的感受。有的人感到有意思，有的人感到没意思；有人感到很快乐，有人感到很痛苦。其实你只要永远保持一种快乐态度和心境，你就会处于快乐之中，因为我们每天都生活在一个有阳光，有风景，有歌声，有欢呼，有掌声，有鲜花，有美酒的天地之间！

你能说一个人很平常地走过了他的人生旅程就不是一种成功吗？

有这样一位母亲，她有三个孩子。由于多种原因，她本人没有读多少书，没有什么文化。她每天的工作就是以孩子们为中心，照顾他们吃喝，服侍他们穿戴，接送他们上学。就这样日复一日、月复一月、年复一年，孩子们一天天长大了，而她自己一天天衰老了，然而她的心里比谁都高兴、甜蜜和骄傲，因为她的三个孩子都学有所成，一个获得了博士学位，一个获得了硕士学位，还有一个正在读大学。她说她高兴的是平日的点滴付出，圆了她自己的梦想，她就是希望她的子女们都能成为有文化的人；她说她甜蜜的是三个子女都很理解她的心事；她说她骄傲的是，在她的爱心、孩子们的决心和师长的关心下，三个孩子正在成为对国家有用的人才。

在深圳的一次“城市精英”培训班上，有一个公司的总经理在公众面前谈他的成功经验时说：“我其实没有什么成功经验。到今天为止，40多年来，我每天做的都是很平常的事情。每天我都按计划做我每天的事情，一件事情做完了，接着再做下一件事情。走到今天，应该说我对自己还是满意的，因为，我计划中的目标都实现了。我在深圳有自己的房子、车子、公司，最近又将父母接到了身边，我感到生活让我平实地走了过来，我对生活也充满着挚爱，我在生活中学会了平常的付出，而生活却给了我超常的回报。”

小雨是一个只有师范中专学历的女孩子，但她从不因为这一点而气馁。她参加了一个职业训练班。在训练班里，她表现得热情而专注，开朗而主动，细心而认真。不论是谈自己的观点、做训练中的诸如清洁之类的事情，还是后来的社会实践活动，她都表现得乐观而积极。她中专毕业后应聘在当地的一家公司，这是她踏入社会的第一站，她非常珍惜，所以投入了她全部的干劲与热忱。尽管这家公司终因经营不善而倒闭了，她却一直在公司坚持到最后一刻。踏入社会的第一份工作成了无言的结局，但是她却认为这也是一分收获，她在公司学到了在学校没有学到的东西。在公司最艰难的时刻，许多与她一起到公司的同事都相继走了，她却选择了留下，与公司一起坚持到最后一刻。她相信仅凭这一点，她再找一份工作并不难。不出所料，她去了深圳，一个星期后，她便被一家船务公司录用，试用期月薪1500元。她在那里做得很开心，和领导与同事们的关系相处得很融洽。这难道不是成功吗？

常言说得好：天下无大事！因为所有的大事都是由小事构成的。那些伟大的科学家们，比如居里夫人，她的伟大发明，难道与她每天洗沥青渣、做实验、记数据不无关系吗？

快乐是一种心态，一种情绪。这种心态和情绪与挫折和失败无关。如果我们，用鲜花铺满自己心灵的春天，用快乐填充自己的平常生活，一个脚印接着一个脚印地走，那么每一个脚印都是一首成功的歌！

成熟的标志之一是包容

[1]

一对恋人吵架，其中一个人说："亲爱的，我在说谎。"

试问，这句话到底是不是谎言？如果你说它是谎言，那它就是实话；但如果你要说它是实话，它亦是不折不扣的谎言。这便是著名的谎言悖论。

也就是说，这个世界，有时候是由悖论组成的。我们无比坚信的某种观点，往往换个角度，结果就会大相径庭。但事实上，两个截然不同的结论，都有可能是正确的。

[2]

两个人谈恋爱，不成熟的人往往会犯这样的错误：总觉得自己有天大的委屈，对方怎么这么不懂我？口口声声说爱我的那个人，怎么一点都不理解自己？！

其实答案很简单：男人来自火星，女人来自金星。他们本来就是用不同的思维方式，一个旨在解决问题，像消防员灭火一样，期待尽快找到水枪，瞄准火源，努力灭火；一个侧重于状态和情绪的表达，往往宣泄本身，便是一种解决方式。

而成熟的恋人，一般不会打破砂锅问到底：为啥对方这样想的？他这么考虑，是不是说明了不爱我？她是不是看多了言情小说，怎么这么喜欢无理取闹……

须知道，恋爱不是科学，不是升级知识库，更不是打怪闯关拾宝升级。恋爱是一门生活的艺术，哪怕暂时欣赏不来，也可以很喜欢。我们有时候需要的，只是多一分“盲目”的包容。因为在恋爱的路上，我们可能会遇到形形色色的人，道不同可以不相为谋，但没有必要去鄙视、抨击，甚至伤害。

感情上的成熟，不是懂得更多的恋爱技巧，也不是掌握更多的御夫心经。而是真心诚意地理解对方，哪怕观点不一，亦能求同存异。成熟从来就不只是智力上的升级，更是情感上的蝶变。

[3]

小时候，我们都以为，懂得越多，就越能够分清黑白。但其实，等我们真正长大之后，更应该了解的是：这个世界哪有那么泾渭分明的黑白，不同人的眼中，黑白也不一样，理解了其中的不同，才是真正的成熟。

在职场上，又何尝不是如此？我们会经常遇到跟我们意见不合，甚至截然相反的同事，最典型的矛盾组合就是市场和销售团队。

职场耕耘多年，我一直从事的，都是以花钱为主的市场型工作，跟以卖货赚钱为主的销售人员几乎有着天然的矛盾。他们总会明里暗里地抱怨，你们市场部总是乱花钱，可做的事又看不到什么效果。我们则会嫌他们鼠目寸光，没有战略眼光，有些钱是做长远品牌建设的……

解决的办法很简单，那就是知道对方的立场，容得下彼此的观点。哪怕我从没做过销售，但也知道，当你每个月背着销量，会是怎么样的一种感受。

所以说，真正成熟的职场人士，是能够守得住自身的立场，同时也能容得下对方的观点。这样才能在必要的情况下，真正地说服对方，并把对方引导到共同的利益上。退一步，就算不成功，也不会爆发大冲突。

[4]

在《小王子》的开头，作者画了一幅画，并问了很多人这是什么。人们都说是一顶帽子，但其实他画的是一头巨大的蟒蛇，并且正吞食着大象。

然而，不管说是帽子，还是蟒蛇，答案都是正确的。换句话来说，在我们心中，如果能同时放得下帽子和蟒蛇，装得下城市和森林，自然就比别人更有智慧。

众所周知，在生活里，婆媳之间是最容易产生矛盾的。但我有一个同事却处理得很好，甚至比她跟自己母亲的关系还好。我们都好奇，她到底有什么杀招。

她说："没有其他，我也不懂婆婆是怎么想的，有时也很纳闷他们这辈人的思维方式。但我相信有一点，她在做某些事的背后，肯定藏着一层过去的原因——我们都说服不了对方，但我比她更能包容。"

确实，真正的成熟，不只是掌握更多的事实、懂得更多的道理，更是你哪怕不了解对方，也知道对方一定会有自己的理由。

[5]

记得《了不起的盖茨比》的作者菲茨杰拉德有这么一句名言："同时保有全然相反的两种观念，还能正常行事，是第一流智慧的标志。"也就是说，我认为，无论谈不谈恋爱，作为一个人，一个成年人，一个在这个世间多多少少经历过世事沧桑的成年人，最重要的一件事就是认清楚：

不要把对方对你的好，当作是理所当然。

这个世界上对你理所当然好的，除开你爹妈，大概不会有第三个人。

或者我说得残酷一点，哪怕是爹妈，他养你，很多爹妈也是有所求的，所谓“养儿防老”，只是他们嘴上不说而已。

在这件事情上，她把她朋友原谅她当成理所当然，因此，她把我站着等她，也当成了理所当然。

她忽略了，一个人，即便是作为男友，他也只是一个普通人。他站在地铁站等你，干站着一个半小时，是何等的不易。

类似的事情还有很多。

比如我春节的时候，在微信群里送人红包，有的时候在群里，有人没抢到，就会很不开心的。

于是我会微信加他们，私下里发给他们红包。

我以为，作为一个陌生人，大家素未谋面，别人给你红包，身为一个成年人，都会说声“谢谢”。

毕竟一份红包，虽然钱不多，但我尽量会保证在1块钱以上，我不会让你感觉，我是抠出来几毛钱打发你走。

一个红包，代表的更是一个陌生人，对另一个陌生人的新年祝福。

那些不说“谢谢”的，我就不说了。

但偏生有些人，不仅不说“谢谢”，回头还问我：“怎么这么少？”

还有的，拿了我红包，跑到群里去晒：“你怎么给4.19元这么少啊，应该给419元才对啊，心里不爽啊，没想到你这么抠。”（给的是微信群的“新年红包”，数字都是随机给的，有1.11、6.66、0.99、4.19元，摇出多少就是多有智慧的人，必然能够容下不同甚至截然相反的观念，然后还能把事情做好。

正所谓“花开生两面，人生佛魔间”。世间的道理，往往是正反合一，阴阳相融。明白了这一点后，我们才不会极端地去考虑问题，也不会随随便便怒气冲天，幼稚到跟人干仗，甚至动刀为凶。

总的来说，不管是爱情、工作还是生活，真正的成熟，不是你懂得了多少的大道理，而是理解了更多的小矛盾；也不是你结交了多少志趣相投的人，而是接纳了更多不合的人……

如果说每个人的成长都注定会有代价，那么我最希望的是，经历了所有的代价之后，我们能换来一份真正意义上的成熟。

别人的评价，到底要不要在乎

[1]

毕业之初，我曾在一家为互联网企业提供基础设施服务的公司做客服。

入职的时候，我感觉同事之间关系都很好，对于我以及和我同期加入公司的新人，老同事们也给予了足够多的关照。那时候我充满了干劲，跟着公司的培训课程，学了各种相关知识，对待工作非常认真。

但是在入职几个月后的某一天，部门的一个上司找我谈话，说不少老同事都觉得我这个人非常高冷，有点傲，让我注意一下，别太孤芳自赏，要和老同事搞好关系。

我吓出一身冷汗，心想原来有同事觉得我高冷，这可如何是好？我可不想把同事关系搞僵，便将上司的话谨记在心，接下来在公司的日子里，努力去迎合老同事。

我的行为在一开始似乎颇见成效，但一段时间后，另一个上司又来找我私聊，说有些老同事觉得，他们和我一起聊天的时候，经常无法接上我谈的话题，让我注意下，尽量多聊聊他们所熟悉的内容。

这次我没有吓出冷汗，反而觉得有点精疲力竭，我已经在努力适应他们，融入他们，却仍然得不到认可。

其实我明白，太在意别人的评价，会让自己活得很累，但如果不去管这件事，又没办法顺利地工作。因此，在那段时间，我一直处于矛盾、纠结的状态中，对于自己能否做好这份工作，能否在公司顺利发展产生了疑问。

所以，那段日子里，我一直闷闷不乐，最后终于下定决心离开。

后来我辗转来到上海，进了广告行业，工作内容和工作氛围与之前相比都有了巨大的变化。

我遇到了一群十分有趣的同事。

在这里，没有人说我高冷，也没有人说我孤傲，大家十分聊得来，每个人都有自己的有趣之处。就算有些话题对方并不了解，也会很诚恳地尝试学习。我很享受与这些广告人进行思维碰撞，各自发现对方身上的闪光点。

在这里，同事们给作为新人的我提出了许多意见和建议，总的来说都对我很有帮助。我再也不用刻意逢迎谁，能够发出自己真实的声音，也获得了同事们的认同。

[2]

仔细想来，“别人的评价”真的是一个很难处理的东西。

这世上有不少人为了自己的梦想，不顾家人的反对，不顾世人的鄙夷，走上一条少有人走的路，最终经过拼搏，获得了成功。他们说，我从不在乎别人的评价，我只听从自己的心声。

也有不少人，经过他人的批评，意识到自己的不足；听从了他人的建议，不断地提升着自己。他们从别人的评价中吸收有益的信息，逼着自己跨出舒适区域，加速成长，获得了长足的进步。

那么别人的评价到底要不要在乎？

在回想这两次工作经历的时候，我似乎明白了其中的判断标准，那就是：

究竟别人为什么会有这样的评价？背后的原因是什么？

当你想清楚这一点，就知道该如何面对别人的评价了。

在第一次工作经历中，同事说我不合群，高冷，于是我尝试着改变。但最终他们仍旧对我不满意，我也依然很痛苦。这样的评价不只来自一个人，而是来自好几个老同事。如今想来，我发现他们其实有着十分相似的特质。

一是身在二三线城市的公司里，他们几乎不会换工作，所以对于同事关系非常看重。

二是他们对于许多新鲜的事物丧失了好奇心，过得比较安逸。

他们错了吗？没有。

他们按照自己的标准，生活得很好，大家互相之间也非常友好。如果我想要继续这份工作，就必须与他们同化。而这就是他们对我做出那些评价的原因。

我错了吗？错了。

但我犯的错不在于我没有听从他们的意见，努力迎合他们，而在于我选错了公司，选错了行业，甚至选错了城市。因此，当我换了城市，换了工作后，一切便都迎刃而解了。

所以，有时候别人对你的评价本身并不重要，反而是他做出这些评价的原因，才是你需要真正思考并做出决策的。

[3]

这样的案例还有很多。

如果有人对你说些：你怎么不回家工作呢，在外面闯什么闯？你怎么还不结婚呢，不怕嫁不出去吗？你怎么会看书，看书多无聊？这些话的背后，是他与你价值观不同，又对你的所作所为嗤之以鼻，又想把自己的价值观强加给你。

面对这样的评价，你需要做的不是反驳他，而是远离他，远离与你价值观差异巨大，并不停给你带来负能量的人。

当女朋友对你说，为什么你总是这么自私？为什么你总是这么幼稚？为什么你总是这么阴晴不定？这些话的背后，可能是她的付出没有得到你的回应，或者是她没有得到应有的关心。

如果你因为这些评价而生气，估计两人会大吵一架。而当你能够站在她的立场上，体谅她此时的心情，心中的怒气定会消解大半。

当然，你也会遇到很多忠言逆耳，话说得很难听，但道理深刻，提出的建议也很有实用价值。遇到这样的情况，就算你一时半会儿难以接受这些建议，至少你也知道提出建议的人有值得你学习的地方。

除此之外，你还会遇到毫无道理的嘲讽谩骂，正如那些网络暴民在每日头条下面的狂轰滥炸，实际上没有任何价值，可以完全忽略。

总的来说，每个人都会遇到各种各样的人，收到各种各样的评价。

透过评价本身，寻找这些人做出评价的原因，能够帮助你认清与他们的关系，同时在追寻原因的过程中，你也会更加了解自己。这才是更重要的。

懂得转换立场，维护原则

不要把对方对你的好，

当作是理所当然，

尤其在这个赤裸裸的现实的社会里。

没有任何一种付出是理所当然的

那一年的夏天，我在广州地铁里等一个人。

我已经不知道是第几次在等了，有时候我等待她的出现，会是几分钟，有时候会是几十分钟，而这一次，我等了半小时，她还是迟迟没有出现。

年轻的时候，我是一个性格极强的人。作为一个写作者，没有性格，也吃不了这碗饭。

我甚至跟我朋友说过："今后我要找女友，让我等半个小时以上，我立马就分掉——我讨厌不守时的人，就好像别人的时间就不是时间一样。"

随着年纪的增大，我的性格也开始日趋平缓，我开始学会去容忍别人错误和任性。况且这天下午，我也没什么重要之事，只要能见到她，我都会很开心。所以我拿起手机开始看书，这一天，我很清楚地记得，我看的《沸腾15年》。

夏日的广州，地铁里异常潮湿，人们像鱼儿一样，在我身边游来游去。

人们都成群结队，而我，孤零零的一人，立在人群中显得很突兀。

地铁出口没有坐的地方，后来我实在站不住了，靠着栏杆，站了半个小时，腿累，我打电话问她："你还有几时到？"

"我就来了，在路上。"

"如果你还有一会儿才到，我想找个地方坐一下，我站在G出口等你，站在这儿很累。"

“我马上过来了。”

电话挂了。直到一个小时后，她出现在了我的面前，这个时候，我站在地铁里，已经有一个半小时了。上一次这样站着站这么久，是在我读小学的时候。那会儿我因为打架而罚站，我站在教室的最后面，看着夕阳缓缓落下。

她看到我，第一个就是道歉：“啊，不好意思，实在太忙。”

我也没过多地指责，只是说：“下次你如果要这么晚来，跟我说一下好了，我也好找个座位坐一下。”

“可是我也不知道我能多久到啊，我跟你说过，生意都很突然，我也不知道多久才能到的。”

“可是你总说‘马上’，你不能很精准，至少可以估算一下，比如你大概要1个小时到，你告诉我一声，太久了我就找个地方坐坐，我站那么久也很累，你迟到我并没怪你。”

“你知道吗？我以前跟别人约会的时候，哪怕是朋友，就算我到得再晚，别人也不会怪我的。”

“我不管你朋友对你怎么样，反正你就是迟到了，并且迟到一个半小时，对不对？”

“为什么别人能理解我？而你是我男朋友，连普通朋友都不如？”

像很多次那样，我又默默地把一口气咽了下去，当作什么都没发生过一样。

我知道，如果在这件事上，我要争下去，我们的一天就会毁了。

我在佛山，她在广州。每一次我为了见她，要搭上一个半小时的车程，去到另一个城市。远一点的地方，需要两个小时。在这样的情况下，她经常迟到。有时候因为生意，有时候又不是。之前我跟她说过很多次，有时候迟到几分钟，有时候几十分钟，这一次，最为严重。

少，没有什么特殊意义。）

别的不说，这下好了，那些给得比这个红包少的人，一下子我全得罪了，事实上，我只是随便摇到的一个数字而已，你摇到多少就多少——你摇到1块以下，我会重新摇。

我时常见到这样的人，动不动就你应该这样，不应该这样。比如“两个人出去，男人应该买单”“女人不做家务要她干吗”“情人节不是都应该送花送巧克力的吗”……

男女交往中，没有什么应该不应该，很多的应该，都是你认为的应该或者别人这样，所以你经过比较，你觉得他也应该，但是，一旦放到单独的行为个体来看的话，没有什么应该不应该。

在我读小学的时候，情人节还没有被商家渲染得这么厉害，所以，在情人节不送礼物很稀松平常，我也没见哪位谈恋爱，因为情人节不送礼物而有所怨言。

直到后来，情人节由商家炒作变成一种风气以后，很多人就开始作为比较：你看，某某人都收到了礼物，我却没有，我比她哪点不如了？我很寒心。

是的，很多时候，是虚荣、贪婪、嫉妒在作怪，你把这个因素单独拿出来，不跟任何人比较：情人节就应该送礼吗？

没有，你也知道，只要爱对了人，天天都过情人节。

他情人节送给你礼物，固然值得开心，他没送，也不要太失望，作为一个成年人，不要随随便便对这个世界说失望。他不送你礼物，你并没有损失什么。

我看过一对夫妻，老公经常被老婆骂成狗，哪怕在公众场合，下属都在，也毫不给面子。老公每次态度都很好，总是笑笑，哄着她，让她别生气别生气。老夫老妻几十年，每逢情人节买花，圣诞节吃晚餐，生日自是不必说。

所有的钱也全部放在老婆那儿，要钱用，就向老婆申请，每次都要汇报，花了多少钱，用在哪些地方。

看上去，男方很亏了，我仔细观察，其实不是这样。

家中里里外外，老婆都打点得很好，不仅仅是公司，还是家里，都由老婆来操心。大到公司走向，小到今晚吃什么，老公只用好好工作，下班拖地、洗衣就行了。

钱方面，老公也不用操心，都由老婆一手打点。

在我看来，这两个人都有太多不应该的地方，但偏生，两人就是相处得来——男女交往中，更多的是需要包容与体谅，而不是“应该”。

一个人来到社会里，必将跟在学校里所见到的不一样。

在社会里，一是一，二是二。你想喝水，需要买，你要上厕所，需要买纸巾。你钱包丢了，想借陌生人的钱搭车回家，有的人会斜眼望过来：骗子。你工作了十几年的老板，忽然有一天把你辞掉，可能是你真的不能胜任工作了。

一切都是清清楚楚，没有太多情面好讲。

人在社会环境下，容易变得贪婪、自私、虚荣，以获取他们所谓的“安全感”。越贪婪、越自私、越虚荣，则越容易对这个世界失望。越失望，则越需要安全感，那么胃口就变得越大，如此循环，最后堕入一个万劫不复的深渊。

其实你想想，我们年轻的时候，都是很快乐的，因为很知足。我记得我小的时候，有一天晚上，我哥从一个塑料罐子里，掏出17粒大白兔奶糖给我，临走前嘱咐：“省着点吃，只有这么多了。”

然后我就数着那些奶糖，边看着《新白娘子传奇》，边一颗颗地吃，如是这般，度过了一个愉快的晚上。

当我长大以后，我再也没有因为几颗糖而开心过。

我以前读过一个故事：A每次发了鸡蛋都给B吃。开始B很感谢，久而久之便习惯了。习惯了，便理所当然了。于是，直到有一天，A将鸡蛋给了C，B就不爽了。她忘记了这个鸡蛋本来就是A的，A想给谁都可以。

人生就是这样，经常一个问题绕来绕去，就忘记了问题出发的地方。

一个人，一个成年人，一个经历过世事沧桑的成年人，最起码应该懂得一点：在这么现实这么残酷的社会里，如果不是心怀目的，别人对你每一次的好，都是来之不易。

别人给你让个座，务必说一句谢谢。

别人给你红包，务必真心说声祝福。

别人送给你礼物，哪怕是不喜欢，也应心怀敬意。

希望你的每一句感谢，每一次回馈，都是出自真心的。而不是像小时候，父母在一旁边拍着你的肩膀，边督促着你说“快点谢谢叔叔啊”，然后你极不情愿地，终于脱口而出一句“谢谢叔叔”。

对自己而言，是一种修养。

对他人而言，是一种安慰。

别人对你好，不要说你一定要有所回报，你至少要让别人感到，他的付出都是值得的、有意义的，如果每一次善行都能收到积极的回馈，那么这个世界将会有更多的人愿意付出、懂得付出。

最后再重复一遍：不要把对方对你的好，当作是理所当然，尤其在这个赤裸裸的现实的社会里。

就这样。

其实你不用装作大方的去原谅

[1]

最近，有一段关于岳云鹏过往经历的视频被大量转发。视频中说了三个故事：

第一个故事是岳云鹏在后厨工作的时候，平时工作表现挺不错，但厨师长的小舅子相中了他的工作，于是，他就这样失去了在厨房的工作。

第二个故事是他在做保洁员的时候，天天刷厕所，可是有一天，老板喝多了去了男厕所，可那个时候，他正在女厕所搞卫生，他第一时间没看见，于是老板出来后，把他又开除了。理由是“你没有第一时间处理”。

第三个故事是给他带来伤害最深的。他15岁那年当服务员，一次接待中，酒水一栏写错了，这时，顾客就不愿意了，骂他，各种侮辱他，他把好话也说了，各种赔礼道歉，也愿意自掏腰包为他免单。可那个顾客一直纠缠了3个多小时，旁边却没有一个人说“差不多得了”。

他对着镜头说：我心里还是恨他，我特别恨他。这张从来都是说笑着的脸庞就这样落下了眼泪，一颗一颗，根本止不住。

[2]

我讲这个故事的时候，脑中浮现的是我的好友小堡，我大概永远记得那一次她走过初中的班主任身边时，冷冷的一句话：“这个世界要感谢的人那么多，没必要让那些伤害你的人放进你的名单。”

学生时代的小堡是一个胖姑娘，你可能想象不出她现在清瘦的样子，从前也是165cm的身高，配合着140斤的体重，永远的“蝴蝶袖”和双下巴。青春期的荷尔蒙，让人最焦灼的事就是肥胖，好像永远穿不了好看的衣服，永远也不能自信满满地走过喜欢的男生身边。

偏偏是小堡的偏科现象极其严重，在初二的时候达到了低谷。她的物理、化学所谓的难题，每次给她解答的时候，我都觉得汗颜，老实说，我的理科水平也很糟糕，可是对她所有的提问，我都可以对答如流。

我大概知道小堡的那位班主任有些问题，比如我听说她可以纵容班上有钱人家的孩子肆意地撕别的同学的书本并不闻不问，也听说她对待有权势的家庭的同学轻而易举承诺入团评优，所以，像小堡这样出身略微平凡的家庭，只能拼命依靠自己的努力才能在老师心中占领一定的分量。

小堡很努力，可是她的成绩依旧很糟糕，在50人的班上，永远在35名之后，这让我这个好友看着都心急。而班主任呢，好像连评语都懒得写，写上分数就了事。但小堡的心态还算不错，她始终坚信，自己只是笨一点，如果努力一点，还是能得到别人的尊重。

一直有一天，小堡哭着到我家，我才知道，那一次，小堡的物理成绩是全班最后一名。班主任当着全班同学的面侮辱小堡：长那么难堪，那么胖，成绩还那么差，以后没工作，也嫁不了人，看你怎么办。

小堡几乎是拿起书包冲出教室的，她觉得自己的自尊心被她掏空了。十五岁的她，甚至想到了自杀，还好，后来，她的父母及时制止，而她整整三天没有上课。

后来，小堡的父母给她转了学。

转学后，小堡开始努力减肥，跑步、跳绳、控制饮食，从140斤瘦到了100斤；开始慢慢调整自己的心态，父母也为她请了一个家教，从最基础的补习，整整补习了一年。她遇上了不错的班主任，鼓励她减肥，也辅导她的功课。

再后来，她走上了好学生的轨迹，考上了重点高中、重点大学，现在有了一份还算不错的工作。

那天，我和她在路上遇到她原来的那位有些问题的班主任，她班主任已经退休，头发花白，但依旧是一副高高在上的样子。小堡叫了一声“老师”，转身要走，老师却一把拉住她：你现在真的和初中时候不一样了，看样子是要严格要求，严师的学生……她的眼神中带着些许的轻蔑，细小的眼睛一直斜视着。

小堡打断了她的话：转学后，我的班主任确实还不错。

只见她的班主任尴尬地笑笑，走了。

[3]

其实，每一个活在世上的个体，都是赶路人。从一出生开始，我们就开始朝着终点走去，所有的一切不过殊途同归而已。

这一路，俨然已经有许多人需要感谢了。那些黑暗中愿意陪你行走的人，我们要感谢；那些为你疗伤的人，我们要感谢；那些给我们指点迷津的人，我们要感谢；那些你难过的时候一个电话来到你身边，你受伤时为你上药，你痛哭时愿意说安慰话的人，我们都要感谢。

可我们真的不必感谢那些伤害你的人。就好比，你在路上走的时候，有一个人拿着棍子打伤了你，打到皮开肉绽，打到遍体鳞伤，那么你痊愈之后，会不会在若干年之后遇到他时，感谢他，如果定要感谢，也不过是感谢他的不杀之恩，留你一条命在这世界上来证明自己。

这个世界，总是有太多的人，会告诉我们，要感谢那些过去受过的伤，吃过的苦，伤害你的人，因为他们的存在，才有了此时此刻坚强而努力的自己。所有的伤害，让我们宽容与原谅，并不那么难，但如果让我们感谢，好像真的只是感谢那时不放弃依旧不断前行的自己，终于不再让别人随意指摘。至于那个伤害我的人，应该永远不会。

[4]

说说发生在我身上的一件事。

记得小时候，因为性格内向，没什么特长，然后为人好说话，每次班干部找不到“纪律表现不好”的同学时，都会把我的名字写上去，来完成她的“任务”。

所以，有很长一段时间，老师便成了那个不明真相的人，总是把“爱讲空话”写入我的家校联系本中。我还为此写过很多的检讨书。

不过，我一向属于那种逆来顺受，默默忍受的人，一副无所谓。

只是，那段时间，我也总结了一下：一是可能我真的太内向了，内向到所有人都以为我可以随意欺负。二是我实在没什么拿得出手的才能，所以，在班里基本是个可有可无的人，自然了，在老师心中也会是。

于是，那一年，我报名参加市里的主持人大赛，我准备了朗诵和舞蹈，运气很好，一路过关斩将闯到了前十。在老师心中，几乎是黑马一样的存在。这之后，所有活动与比赛时，我开始占据了选择权，开始可以由着自己的性子参加学校所有的活动，而老师也下意识地认为，我的存在就是名次的保证。

记得有一次吃饭的时候，说起年少时的事，那个常常把我名字记下来的班干部笑意盈盈地说：“幸好逼了你一把，要不然真不知道你有多优秀。”

而我只丢给她一句话：“所以我要谢谢自己，没被你们逼死。”

我知道她的面色并不好看，但我还是和她碰了个杯，趁着酒劲，还补了一句：“对不起，我真的没办法感谢你。”

[5]

有一句话是：那些伤害过你的人，没什么值得感谢的，能扛过去是你当初了不起，扛不过去你现在只会更卑微。要感激的只是你自己，还有一直陪在你身边的人，多谢自己当初熬了过去，多谢身边的人一直支持你爱着你。

是，伤害我的人给了我伤害，我可以不计较，可以不以怨抱怨，甚至偶尔也能以德报怨，能宽容，都可以。但这个世界需要感谢的人太多，长长的清单里根本容不下伤害过我却要去感谢的人。

所以，伤害过我的人，我也祝福你，我只愿你在你自己的世界里，从此天各一方，各自安好，就好。

至于感谢，对不起，我从不感谢伤害过我的人，这是我自始至终的原则。

在高兴的时候停下来

小时候外公给我蒸红薯包子吃，坐在门口对着夕阳，边乘凉边吃。邻居大娘问我好吃不好吃，我说好吃。外公说好吃就多吃点，邻居大娘说，好吃就少吃点，吃多了，下回就不觉得好吃了。

等我上了初中，碰见一位历史老师，每天都在办公室写大字，废报纸堆到了天花板。我问他怎么能坚持写那么多，他说很简单，有个窍门，就是每次都不要到不想写了再停笔，而要在写得正高兴的时候停下来。这样，存了念想，就会老想着写。

又过了几年，我上了高中，爱看课外书。得到的课外书极其有限，每一本都看得津津有味。学校严禁看课外书，就偷偷看，把书撕成一页一页的，夹在教科书里看。不久前在家，手头没书，就把那些书找出来，发现竟然没有一本有意思的，怪就怪在当时每本都看得津津有味。

当时我对表弟说，高一高二先多看点课外书，学习上别掏太大劲儿，高一高二学太猛，劲儿掏完了，高三就没劲儿了，秃噜下来了。这话我是偷偷跟表弟说的，他传到他妈也就是我二姨那儿，我二姨又传给我妈，我妈就把我说落了一顿，说我瞎胡说。但事到如今我还是觉得自己的看法是有道理的。

高中时，班里有个学习垫底的学生，但他学习看着十分拼，坐我前排，经常问我问题。有一天夜自习他发烧，本来是九点半下自习，烧到八点半，他受不了了，要提前回家。我亲眼看见他把三本辅导资料夹在腋窝下打着伞回家了。在下一次月考中他依然不出意外地垫底。这让他很懊丧。但其实他还不算运气太差，还有个经常考全校第二的学生，因为一心想考第一，搞得“太拼”，最后病倒进医院了。

这个道理很简单。如果不是学习和工作，而是其他的事情，比如跑步，正常人都明白这个道理：一个人的长跑成绩基本上是由他的体能决定的，而体能是长期积累训练的结果，至于赛场的发挥和跑步的技巧，对结果只有细微的影响。几乎所有具备常识的人都知道，一开始不要跑太猛，要攒着体能，留到最后冲刺。但我在上学和工作中的每次体能考核时，都会发现有人傻着脸一上来跑得很猛，五十米后就跑不动了，旁边还有人挥着拳头叫：加油！坚持！毅力！这不是毅力的问题，而是方法的问题——当然，旁边那个人也有可能是起哄的——这样的跑步者“愚蠢”在迈出第一步的时候，错误地估计了自己的体能，以为这一胯之力可以连绵不绝。这和下大雨时过地下桥，指望把速度加高靠惯性冲过积水的行为一样愚蠢，这是一种源于方法不当。

遗憾的是，一旦从跑步迁移到其他事情上，很多人都会有“加快速度冲过积水桥”的想法。甚至直到后果发生，他们都不承认这是愚蠢，而归因于油门加得还不够大。

有个词叫“裕如也”，我很喜欢。“裕”是宽裕，富裕，就是应付事情绰绰有余的样子。什么叫“富”？不好定义。但“裕”就很简单。做事情不慌不忙，从容有致，就是裕如。比如想喝茶时有喝茶的功夫，想休息时有休息的条件，就叫裕如了。裕比富要难得，很多人富是富，但并不裕。陶渊明“虚室有余闲”，就是裕如的生活。

扬雄《法言》里讲过一句话：“世人之益者，仓廪也，取之如单。仲尼神明也，小以成小，大以成大，虽山川、丘陵、草木、鸟兽，裕如也。如不用也，神明亦末如之何矣。”

大意是说，普通人就像仓库，从里边取东西，剩下的越来越少，慢慢就被榨干了。“单”就是“殚”。而在圣人那里，万物没有高下灵蠢之分，因天地之化育以成其材，一个人在施展才能的时候并没有被压榨的感觉，用一样东西就像没用一样，就会永远宽裕，永远有余力。

近来我也尝试如此践行，在一本小说读到正精彩的地方停下来，一件事还没消磨掉热情的时候停下来，一顿美食还没吃到厌腻的时候停下来。这样，就对很多易行的美好存有念想。留有好的念想在，会得到一种裕如的幸福。这种裕如是不把好事和宴乐消耗殆尽，留有一颗种子等待它继续发芽抽条。

举个最简单的例子，在我忙得来不及看朋友圈的时候，想到等闲下来还有朋友圈可以看，会有一种不确定的期待和快乐。但真到把朋友圈刷完之后，这种快乐就荡然无存了，倦怠和空虚就会潮水般涌入，让人陷入无所事事的境地。看朋友圈的乐趣就在于你可以主动选择是看还是不看，换言之，朋友圈是闲暇的备胎。当把这种备胎扶正，要以批阅奏折不批完不能睡觉的心态看朋友圈时，读到很多好文章就来不及细细咀嚼了，因为下面还有许多奏折要批，它就从生活的乐趣变成了累赘。人就没办法“裕如”了。

真正的孝顺 无关听从

好几年前，我的一位表弟很郁闷地来找我。他想辞职自己干，但遭到了全家人的反对。

我这位表弟家境一般，甚至还偏下一点，人特别踏实勤劳，只是没考上大学，自己找了一家单位去实习，由于为人老实厚道，一路被提拔到主任的位置，但由于学历问题，上升空间已经不大。

在全家人眼里，他是那种省心，能过安稳日子的孩子。

做了一年主任后，他觉得每个月拿着七八千工资，这一辈子都能看到头，估计日子也就比父母稍微好一点点，他不愿意这样过一生，但没一个人支持他创业，更致命的事，当初家里欠了一些钱，他这几年的工资都为家里还债了，手里除了两万块钱，什么都没有。

父母认为，家里日子刚刚好过了一些，为什么要这样折腾，他们早就穷怕了。

而他则认为，如果不想着改变，一家人的日子永远就这样了，双方僵持不下。

我问他，你辞职以后想做什么呢？

他想了想对我说，他想开一家纯天然的绿色超市，然后他把经营理念，前景，客户分析，客户定位，定价，货源，选址，配送模式，等等讲给我听，足足讲了两个小时。

我惊讶他已经做了如此多的准备工作，而且还做了非常充分的调研。

他苦恼地对我说："姐，我们这里是沿海发达城市，生活条件普遍不错，食品安全是未来大家最关注的问题，只要货源保证，用心经营，绝对亏不了。可是他们胆子小，总觉得你一创业就会倾家荡产。"

看着他因梦想而略显激动的脸，我觉得这个年轻人和他父辈不同，未来必有作为。那时我还未结婚，在公司上班，平时写点东西，收入不是很高，但几年下来，也存了一点钱。

我给自己留下一些生活费后，把所有的积蓄都取出来给他，支持他去创业，不够的再想其他办法。

当时，他对我说："姐，创业有风险，我不敢保证我会100%成功，但如果失败，我就是再去上班，也会把钱还给你的。"

他有如此心态，我认为失败的可能性不高。

但这个举动在家族里捅了马蜂窝，首先是他的父母上门，指责我他年轻不懂事，我也跟着瞎胡闹，如果他创业失败，把钱败完了，到时候可别指望他们会替他还钱。

然后是我家人这边，指责我们翅膀还没长硬，主意就如此大，全家人不同意的事情，还是照干不误，尤其是我，借钱还不落个好，让人上门来埋怨，是不是脑子坏掉了。

印象最深的是当时我们几个小辈还跟长辈进行了一场激烈的辩论。

长辈们都强调：我们都是为了你们好。

我反问：你们是我们的亲人，当然知道你们是为了我们好，绝对不会害我们。但是，我们自己更会为了自己好啊，难道我们会害自己吗？

一位长辈说：你们当然不会害自己，但你们又没什么人生经验，知道什么？有事还是应该听长辈的。

当时年轻，我很犀利地指出：说句不吉利的话，你们应该会走在我们前头，如果按你们的逻辑，我们没什么人生经验，凡事又都听你们的，那你们要是去了，我们岂不是没法活了啊？如果真的为我们好，是不是应该锻炼一下我们独自生存的能力呢？

他们无言以对，但千万不要以为他们就承认了我们是对的，他们只是无可奈何。

要中国的家长承认孩子已经独立长大，是件很不容易的事。这次辩论的作用，不是得到了长辈的认可，而是他们意识到了一点：我们都已长大，不会再事事听他们的。

在很长一段时间里，他们对我们都是有意见的。

表弟经过一段时间的筹备，超市顺利开张。原本他做好前半年亏损的准备，但事情顺利得令人欣喜，有非常多家庭关注，表示为了健康为了孩子，多花一些钱是完全值得的，但是现在太多打着绿色有机的噱头赚钱的商家。

为了取得大家的信任，他组织了很多人参加农家乐，带着大家去看农场，去看菜园，去体验垂钓的乐趣。此举为那些农场主和果园主带来了不少生意，使他拿到了更低的价格，也让顾客消除了怀疑，在口碑带动下，生意很快滚雪球一样地壮大，在第一季度结束时，竟然已经开始盈利。

一年后，他的超市已经有一批固定的忠实客户，原先只是一间小超市，后来发展成两间，在他周围的同龄人中，他的发展是最好的。

这时候，原先指责我们的长辈，虽然依然没有承认我们的“合法性”（有时候，真的觉得长辈很好玩，好像要他们认可晚辈的魄力和能力已经超过他们，简直就是要他们的命），但偶尔的言谈中，已经有了欣赏，原先最反对我借钱的姑姑，不无得意地说：“我们情情，眼光还是有一点的，这点最像我。”

表弟的父母出去，每次听到别人说：“你们养了一个好儿子啊！”脸上就是掩饰不住的与有荣焉。如今，他父母自告奋勇地去帮忙，这几年表弟再做任何决定，虽然长辈还是会习惯性地质疑一下，但很少再反对。

这个故事我是讲给一位年轻人听的，他遇到的问题和表弟当年如出一辙，他问我如果他辞职，父母会很伤心，那就是不孝，可是他又不想做不喜欢的工作，应该怎么办？

我们可以观察一下身边的人：但凡做一件事，父母就会激烈反对的，大多都是“妈宝型”的孩子，在父母的眼里，你永远长不大，你永远没有能力自己做好一件事，你的所有想法都是幼稚而不切实际的；而那些从小就独立有主见，做事认真靠谱的孩子，父母一般很少干涉、反对，尤其是孩子特别有出息的那种，一般都是父母反过来听孩子的。

其次，我们应该明白，什么才是真正的孝顺。

《礼记》曰：“大孝尊亲，其次弗辱，其下能养。”简单地说，大孝就是你的品德和成就出众，使父母能够受到其他人的尊敬；其次就是你的言行不会使你父母受到其他人的诟病；奉养父母已经是孝道里最下面一层了。

真正的孝道里从来没有强调过孩子必须听从父母的，也没有赋予父母这种权利，那不过是后人的添加与曲解。

太多父母把孝道妖魔化，当成控制孩子自由意志和人生的利器，也有太多子女误解孝道，认为孝顺就必须事事听从父母，最后人人痛苦。

对待父母，我们应该孝而不一定顺，尊重父母的选择，尊重父母的生活，在他们年老时，能够照顾奉养，但绝对不包括把自己的人生选择权一并奉上。

另外，我不得不告诉你一个真相：当你在问到底应该听父母还是听自己时，其实和孝不孝顺无关，而是你对自己的选择没信心，你怕最后自己的选择错误，又失去了父母的支持和欢心，落到一个众叛亲离的地步，这才是你苦恼

[2]

我有个朋友，被男友“劈腿”了。几年之后，男友和新欢结婚了，但是过得不幸福，是他们自己生病了，还是孩子生病了，我已经忘了，反正结果就是，他们回来找我的朋友借钱，说是救命。

我朋友不假思索地拒绝了，于是也有人告诉她，你应该善良一点，无论当年发生过什么，这毕竟是一条命，朋友跟我吃饭的时候敲着桌子大骂。我知道她为什么骂，当年她失恋以后万念俱灰，喝酒喝到酒精中毒进医院，她自己那条，也是人命。

[3]

其实你会发现，这样的场景在生活里很多见。

好比你去买东西，一个比你岁数大的人插队在你前面，如果你和他争吵，那么可能就会有人说你斤斤计较，不吃亏。

好比你去坐车，一个老人提出要和你交换上下铺的位置，你如果拒绝了，可能就会有人说你小小年纪不懂得敬老，这么点方便都不肯行。

如果你的工作伙伴不负责任，给你造成了巨大的困扰，而你发飙的时候，她抹着眼泪从你的办公室里一路飞奔出去，那么不要半天，你“嘴不饶人，把人活生生骂哭”的名声可能就会传遍全公司。

如果你过得还算不错，而一个穷人侵犯了你的利益，那么在你对他追究责任的时候，就可能会有人骂你为富不仁。

你看，总会有那么多人，完全不问事情的起因缘由，就自顾自地站到看的原因。

假如你对自己的选择无比坚定，你根本不会有这些烦恼，你会有无比的勇气坚持自己的选择，因为你知道，只要你幸福了，成功了，就算当初父母反对过，他们还是会为你高兴，除非他们不是真的爱你。

你是不穷，你是毫无内在

每个人都要学会自己慢慢长大，你无意去教育别人，你只是真的觉得，很多男人别把自己老找不到女朋友的问题都推给穷，抑或是女人找不到男朋友，就说男人都不是好东西。

你正是二十几岁的青春年华，领一份还不错的白领薪水，但也常常要加班到深夜，然后在回家的末班地铁上睡着。你不算漂亮，但也苗条性感，不失可爱，是那种看起来还不错，越看就会越顺眼的女子。

你大学时谈过恋爱，但终没抵过毕业各奔东西的分手，工作后又有过几场不咸不淡的恋爱，但都欠了点“初相见般”的心动和期待。你其实一点也不着急，在等待中努力是你现在的状态，你把自己变得美好不是为了某个男人，而是希望自己能够走得更远，去看遍曾经想看的风景。

你最近被一个男同事的求爱弄得不胜其烦，他刚进公司不久，出身长相一般，学历不低，薪水只是暂时比你少，他不是这个城市的人，为了留在这里很努力地奋斗着。但他不是你喜欢的类型，你已经婉转拒绝了多次，他却知难而上，锲而不舍，甚至每天用鲜花和星巴克来满足他想象中你会喜欢的浪漫。

其实你一点都不爱喝星巴克的咖啡，办公室的花也不需要天天换。你也从来不觉得，同事投来的目光里都是羡慕，你只是觉得恋爱是纯个人的事情，晒幸福和揭伤疤都是明星们为了提高曝光率而做出的无奈之举，普通人的生活从来都不需要掌声。

终于有一天，那个男人再也坚持不住了，把你堵在公寓楼下大声咆哮：“你不就是嫌我穷吗？你们女人就是这样，我要是有钱早就扑上来了！都这么拜金，只看外表和现在，不看内在和将来！”而你那天刚刚完成公司的标书，晚上又在健身房跳舞瘦身，你正满身是汗，想回家泡个澡，想着明天还要开会。

你不是不想恋爱也不是不需要男朋友陪，可现在的你已经不会再像小女孩般去爱，他却怎么也看不懂你不想伤害他的躲避。看他一副斗败的模样，你终于也忍不住说道：“那你跟我说说，你有什么内在？你哪个大学毕业的，是世界排名前50还是全国前10？献过血是中华骨髓库成员吗？见义勇为抓过小偷保护过女孩吗？做过义工捐助过慈善吗？你诚实守信从没违背过道德底线吗？”

她问到这停了停，看到那个男人的目光开始变得混沌，于是她又问道：“好吧，如果这些要求太高我就换一下，你每天运动洗澡换内衣吗？你从来不闯红灯吗？你不讲粗话也没有乱扔过垃圾吗？你从不插队不占便宜又尊老爱幼吗？琴棋书画诗词歌赋你会哪一样？你跟我说说你有什么具体的内在？凭什么说我看不上你就是因为嫌你穷？又凭什么认定女人都拜金而不是你们男人不求上进？！”

听完你这段话，对方什么也没再说就默默转身了，从此再也没有给你打过电话，又屏蔽了你的微信，也没有了花和咖啡。不久他跳槽到了另一家公司，据说薪水可以拿得比自己高了，你听了之后只是笑了笑，又继续去做手边的标书。这样不也是很好？如今社会，内在最是难修，所以，所谓“外在”才会让人追求并感到安全，即便是眼前的苟且，也会成为某些人的“诗和远方”。

谈恋爱我找不到对象的事情真相往往是：比钱你丢人，比内在你更丢人，找不到对的人，可能是你改不掉错的自己。

懂得为对方着想的人很难不让人有好感

[1]

我很少看现代作品，可也偶有能看好几遍的有意思小说，有一本里面有这样一个情节：

女主要去见素未谋面但在网上一直有联系的某“大神”，一直不注重打扮的她临时抱佛脚的去买衣服鞋子。

女伴说：“这双鞋很漂亮啊，穿短裙就要穿这种凉鞋才好看。”

她摇头：“太高了。”

她本身身高就169了，这双鞋子的后跟有七八厘米，这样加起来她就有177……

万一他……

没这么高怎么办……

这是一个特别可爱又贴心的情节，本来作者把男女主角写得有点过于完美，反而让人难以有太大好感。

可这么一个小细节，会让你觉着这是一个特别真实又体贴的姑娘，能在细小到不太为人注意的地方为对方着想，并且不觉得这种体贴是有什么可炫耀的。

很难不让人喜欢。

这本小说的书评里有一句话我很喜欢：

有一种女孩，跟了任何男人都会幸福，女主就是这样的女孩。

[2]

她其实是很少做饭的。

虽然经常和人炫耀自己的厨艺，但每年下厨的次数都是可以用一只手数出来的。

所以没吃过她做的饭的人，大抵面上心里都是有些许质疑的。

也难怪，且不说平时的细高跟短裙，就单单手指甲，她都好久没有自己剪过，都是在店里做好护理颜色，很难想象那些涂着鲜红甲油的纤细手指，是怎么洗菜切肉颠炒勺。

我也一直无缘吃她做的饭，直到有天。

那是去年的第一场雪，天气变化很快，连一向自认身体很好的我都感冒发烧。

脑袋昏昏沉沉的请了一天假在家，下午的时候她在msn上和我闲聊说好久不见一起看电影。

我撑着眼皮打字：过几天再说吧，发烧在家呢，估计明儿也上不了班儿了。

她在那头也没有太多言语，就问：你晚上有啥安排么？那我下班顺道过去看你一眼？

推脱了两句看她还是坚持，因为住的也不算太远，就答应了。

六点半的时候门铃响，支撑着去开门，就看她拎着大包小包站在门口。

带着一身的寒气进了门，她把东西放在厨房，探头对我说：

“你看电视吧，一小时内肯定让你吃上饭。”

说完就把厨房门一关自己忙活去了。

一集美剧刚好结束，炖好的排骨已经飘着香味的被端上来，麻婆豆腐、酸辣土豆丝、冬瓜丸子汤，都是很家常的菜式，可我却知道，这些全是我平时不经意提起过的爱吃的种类。

坐在桌子边抱着筷子看她来回忙活着端菜盛汤，想说点什么又觉着虚情假意，只有闷头猛吃。

吃好收拾碗筷的时候她嘻嘻叮嘱我：

“排骨我多炖了一些已经装在饭盒里了，我没盖盖子，你等一会儿凉透了再盖上放冰箱里；

土豆、豆角我多买了点，你要吃直接烩一下就成；

炒菜我没多炒怕再热不好吃了，汤多做了一些你就放锅里不用盛出来，吃的时候点火一热就成；

……”

她还在自顾自地嘱咐我我吃青菜多喝水，我却不争气的有点湿了眼眶：

你这大雪天地跑来……

她咧嘴一笑打断我：

别整那虚的！你好好养病吧，我得赶紧走了再晚打不着车了~

[3]

我搬家的所有事情都是自己处理的。

联系中介，看房子，签合同，打包东西，找搬家公司，买新家的应用之物……

我想搬过家或者和中介打过交道的人更能体会个中辛苦琐碎吧？

就连中介小哥都有小小微词："怎么都是你一个人忙活没见你男朋友帮你呢？"

我被问得一愣，真心实意地说："真的从心里就没动过指望别人的念头，总觉着反正也是自己住，做这些事情难道不是应该的么？"

前段时间闺蜜来我家住，看我布置的各种小心思，不由感慨。

她是见过我没搬过来的时候房子的样子的，对于前后的对比，她说："我居然觉着都有点感动，又觉着自己真是被娇生惯养，之前搬家都是某某帮我弄的，我什么都没管，最开始跟你拿钥匙的时候看了一眼这个房子还觉着条件只能算一般，可你全都收拾好之后，我就赖在你家不想走了……你好像真的就有那种本事，随便给你点啥，都能打理的像模像样的。"

对于夸奖我自然是恬不知耻的照单全收啦，不过也真觉着："这有什么呀！"

能一个人就把生活打理的有滋有味，有声有色，应该是基本的生存技能呀！

（这个例子是找不到别人的拿自己的来凑数……请忽略我的自我粉饰倾向）

[4]

所谓"幸福"其实是一个很主观的概念，具体到爱情，则取决于双方的感受。

单论女孩的一方，我总觉着，幸福的前提不应该是有没有"75C"，

而应该是能否从细小地方为另一半着想，

能否在朋友遇到问题时挺身而出或尽所能帮助，

能否在没有人帮你的时候一个人独立的处理好问题，并且不心存哀怨或

奢求。

我见识不多，也只能想到这些。

而以我不多的见识来看，有“75C”固然不错，没有也不见得差。

（当然，这也是见仁见智了。

故事一中的“大神”就在别人问他女朋友是否有“75C”的时候淡然一笑：有总比没有好。

而故事二中的姑娘则是纤细的男孩一样的身材，照样有无数追求者）

毕竟很多时候，幸福不幸福，不是一个“75C”就能解决的。

你说呢?

让你的善良带点锋芒

[1]

当年读大学的时候，曾经和人一起合租房子，合租的姑娘娇生惯养，据说在家过了18年，连垃圾都没有倒过。所以从合租的第一天起，我就扮演起了老妈子的角色。她从不买菜，不做饭，不打扫房间，不刷碗，甚至不刷厕所。除了洗自己的内衣裤，她简直过得像一个公主。后来有一次我生病了，在床上躺了三天，她就让屋子乱了三天，第四天我忍无可忍地爬起来把屋子打扫了一遍，扔掉了所有的垃圾，洗干净了所有她用过的杯子和碗。两个小时以后她回家了，带了外卖回来，吃完之后，照例把用过的碗筷堆在了洗碗池里。

我忍无可忍地发了飙，后果是之后的一个星期里，她四处告诉所有的人，我是一个多么不近人情的人。你看，她那么可怜，从小都没有独立生活过，长这么大第一次离开爸爸妈妈，本来就方寸大乱。而我，从小就独立生活，有娴熟的生活技巧，却不肯对她有任何包容。

于是有人来告诉我，你应该宽容一点，善良一点。我张口结舌，气得回家哭。

上去比较弱势的那一方去。

后来有了网络，我发现这种善良的人越来越多了。好比说，你总会看到杀人抢劫的新闻里，有人在悲天悯人地说，如果有足够的钱，谁会去抢劫呢？

[4]

后来我发现了一件有趣的事情。这些号称被抢劫，被欺骗，被背叛，被压榨，都仍旧应该心存宽仁的人，当自己利益被触犯的时候，往往也是跳脚最快的那些人。

我亲眼见过一个告诉我们“抢劫犯也是生计所迫才会去抢劫，值得同情”的人，在自己钱包丢了以后指天誓日地咒小偷全家去死。

我也亲眼见过一个指责我“你比我有钱多了，干吗不肯帮我买单”的人，因为朋友找他借了个包，晚还了一天，就此和朋友翻了脸。

从此我就明白了，原来这些整天把善良挂在嘴边的人，和“善良”两个字实在没什么关系。

他们有些是希望世界上有越来越多的不懂得反抗和据理力争的人，这样，在他们想要不讲道理占便宜的时候，就会越发顺遂。另外一些，是想表达自己有那么深邃的思想和那么柔软的心灵——反正被伤害的也不是他们。

当然还有一些，则是根本就没有任何独立思考的能力。他们选择善良，只是因为做一个“善良”的人，要比做一个“讲道理”的人轻松。你看，你只要站在看上去“可怜”的那一边就好了。

就是这样的几种人，凑在一起，为了达到这样的目的。他们无所谓事实的真相，无所谓事情的道理，无所谓那个真正的在这件事里受了委屈或者付出的人是多么需要人的体谅和支持，他们只会为了那个自己想要达到的目的，没有任何责任感地说出轻飘飘的空话。

你应该善良一点。真奇怪，我为什么要善良一点？

所以在我想通了这个道理以后，我就选择不要做一个“善良”的人了。我只要做一个讲道理的人，也负责任的人。

[5]

我在意真相，我在意道理，我在意在一件事情里真正付出努力并最后被辜负的那个人。我也在意一件事情里无辜被伤害却深知不能为自己讨个公道的那个人。

一件事情，我只想知道它本来的面目，我不想看谁流泪了，谁控诉了，谁颤巍巍在风中发抖，或者谁喊得比较大声；我不想听谁说他是无心之失，听谁说他是好心办了坏事，听谁说他只是不知道，不懂得，这些都不是他们该得到支持和原谅的理由。

无知即恶，蠢即恶，伤害即恶。这世上有些东西，起因比结果重要，比如追寻梦想。而有些事情，结果永远重要过原因，比如伤害别人。如果我认为捅人一刀是表达友善的方式，于是去捅了人一刀，那么这绝不说明对方应该因为我本无恶意而原谅我，相反这只能说明我是个白痴。

这世上最大的恶，往往都是以“善良”的旗号四处横行。恶人的最大帮凶，也常常是那些根本不需要为自己所标榜的“善良”做出任何实际付出的“善人”。

而这世上最可笑的事，莫过于善良本身，居然因为善良之名而寸步难行。

守时是最基本的原则

[1]

当年参加高考，见过触目惊心的一幕。

那天下午答完卷子出考场时，发现一位考生晕在地上，父母在旁边呼天抢地。问过路人才知道，原来是这位考生迟到了半个小时，哀求监考老师让他进去，监考老师却不为所动，说了一句：“迟了太久，就不必到了。”考生最后扑通一声跪在地上，连连磕头，磕到头都破了，老师仍坚称绝不破例，拒不放行。考生最终晕倒在地，父母指责老师不通人情，痛哭大骂不已。

这件事始终留在我的记忆中，至今想起那考生血肉模糊的额头仍觉得凄惨无比。我并不觉得那位老师做得有何错误，没有规矩不成方圆，他只是履行职责而已。如果他一时心软，反而会对不起那千千万万按时抵达的考生。

高考是人生大事，想来那一次迟到虽不至改变那位磕头考生的命运，却也必然影响甚大。不知道这一场教训，是否让他铭记终生。

[2]

后来工作，关于“迟到”的话题更是每天上演。北京是名副其实的“堵城”，朋友聚会、工作会面大多会因为交通问题而迟到，我不算苛刻的人，每次哪怕自己早到也愿意多等一会儿并无怨言。

只有一种情况我会变身成“绝不通融”的铁面人——应聘的迟到。

曾有一位各方面条件都不错的应聘者，却比约定好的时间整整迟到了一个小时。那天我微笑着听他讲完他的工作经历，然后把他送走，在简历上打了个大大的叉。我给人事部门的反馈是：连自己最重要的事情都可以迟到，公司无法把工作放心交给他。

明知今天是关键行程，交通可能会出现拥堵，就该做好准备，早早出门。临到最后才发现时间晚了，气喘吁吁地奔跑，不停道歉……对不起，这不会得到同情。

如果分不清轻重缓急，说明你根本还没有成熟到可以合理分配自己的时间，更难以在这个“残酷”社会立足。迟到与否，不仅仅体现一个人细心与认真的程度，更重要的是体现一个人的责任感。

[3]

电影《肖申克的救赎》中，老犯人布鲁克斯在监狱中被关押了50年，一直担任图书管理员。然而，当他得知自己马上要刑满释放时，不但没有欣喜若狂，却开始惊慌失措，因为他已经完全习惯了监狱体制化的生活，他对于外面的世界一无所知，充满恐惧。

为了不离开监狱，老布举刀杀人，以求得在监狱中继续服刑，然而最终他依然被放出监狱。

他入狱时只见过一两辆汽车，出狱时却满大街都是汽车，他在一家小超市工作，老板看不起他，他也做不好。他怀念在监狱里的生活，受人尊敬，生活稳定。最终他写了封信给狱友们，说宁可拿枪打劫也希望回到监狱，可是自己太老了，已经做不了这种事了。

最后他写道："希望监狱不要再放出像我这么老的人。"

他最终选择在小旅馆里自尽。

自由来得太迟了，迟得已经没有来临的必要，强制性的来临，只会带来崩溃的结局。

[4]

某天看电视，看到一位弃婴在孤儿院长大成人后与亲生父母相见。亲生父母接受访问时声泪俱下，称当年是因为家境贫寒，万般无奈才放弃了孩子，现在经济条件好了，希望可以找回孩子，补偿孩子。

镜头一转，那位已经生出青色胡茬儿的小伙子一脸漠然。记者问他："你愿意与父母相认吗？"他点点头："愿意。"记者又问：那"你愿意跟他们回家吗？"他说："不愿意。"

记者问他为什么，他说："好多年以前我期待过跟他们相认，有一个属于自己的家。这个念头在我的心里想了太久太久，几乎每天都要想一遍，想起来就想哭。可是特别奇怪，想着想着，这个念头居然就渐渐淡了，而且越来越麻木。到最后，我自己也不觉得这是多大个事了。"

他摇摇头："我现在觉得自己就这么自由自在，没爹妈管着，也挺好的。如果他们再来照顾我，我还真不习惯，所以还是算了吧。"

记者追问："那你是在恨他们吗？"他笑了一下："以前有过，现在确实是没有了。没有爱哪来的恨？我就是觉得，有些东西来得太晚了，并不一定没有它存在的意义，只是，我不想要了。"

一杯热腾腾的茶，放到凉透，再喝已没有必要，只会伤身。一件加厚的外衣，穿得太晚，寒气已经侵入体内，感冒无法避免。儿女的孝顺，在父母去世以后才表现，那是失德与伪善。朋友的关怀，在事过境迁后再开口，只会得到礼貌的回应，很难得到知己的情谊、交心的温暖。爱情的表白，在罗敷有夫之后再开口，要么是甘当见不得光的第三者，要么也只能留下“恨不相逢未嫁时”的遗憾。

当年监考老师的一句话道出了真理：迟得太久，不必到了。

迟到，本身就说明了缘分的不足与付出的欠缺，无论是前者还是后者，都不该再续前缘。你若真在乎，必然早早追求，早早拥有，怎会等到对方心已死，情已逝，才迟迟到来。

在某场人生约会时，如果迟到，只能说明从未重视。即使“到”了，也无法抵消“迟”的副作用。请问问自己的心，是真的需要这场相逢吗？还是下一次才值得严阵以待，准时出现？

不曾重视的相约，失去时莫道遗憾。

与其在朋友圈风生水起，不如在现实中活得漂亮

不知道从什么时候开始，微信朋友圈逐渐成了我们生活的一个“必需品”。回到五年前，任谁也无法想象，朋友圈这个玩意，会火爆到今天的程度。

不信您回想一下，自己是否也在不经意间养成了这样的习惯：

每隔几分钟，就要忍不住掏出手机，去刷新朋友圈，看看别人有没有更新状态。一段时间不看朋友圈，就心痒难挠，生怕错过了什么重要信息。

另一个习惯是：

除了每天的吃穿住行和工作，你还会为发朋友圈伤脑筋。你绞尽脑汁，想了一段觉得很有哲理的话；你煞费苦心，让孩子摆出最可爱的造型；你精挑细选，找出自己最满意的照片。发送成功，你露出了满足又轻松的笑容，等待着朋友们前来点赞。

如果上面的两个习惯您都有，那么恭喜你，本文说的就是你。

有时候，朋友圈就是我们的江湖。

只是，这个江湖是真实的吗？朋友圈里的世界是真实的吗？

说件我哥们雷子的事。

雷子和女友准备在今年4月完婚，本打算这几天去三亚拍婚纱照。可就在前两天，他女朋友突然不干了，说要去国外拍，最起码也得去日本，否则这婚就先不结了。

雷子大惊，追问女朋友为什么突然改变主意。于是她女友掏出了手机，说："你看，我们公司李颖在朋友圈晒出了婚纱照，他们是在欧洲那边取的景，多美啊！我们怎么说也要出国去拍，要不然我以后只能在朋友圈发三亚的婚纱照，多没面子。"

这事还真不能怪朋友圈。要怪，只能怪人对朋友圈的理解。因为很多人都没有意识到，其实朋友圈和现实世界本就不是一回事。

你所看到的朋友圈里的生活，都不是真实的。

微信朋友圈之所以能风靡，是因为它至少满足了人们的两个需求：

对他人生活的好奇心以及对自己生活的展示。现代人都是孤独的，我们乐于去窥探别人的生活，甚至去参与别人的生活，完成一种人与人之间的交互；我们同样乐于把自己的生活展现给别人，我们渴望别人的注目和拥抱。

人热衷于消解孤独。而朋友圈，让这一切变得简单了起来。

关键是，你必须要知道一件事：人们在朋友圈这样的社交网络上只会展示自己最好的那一面。这是人固有的虚荣心，也是天性使然。

你看到A在朋友圈在对国际局势侃侃而谈，实际上他可能查了一个小时资料；你看到B在朋友圈里晒着塞班岛的旅游照，其实他吃了两个月的泡面；你看C在朋友圈自拍健身照，事实上这是他这个月唯一一次去健身房……

这种精心挑选之后的展示，却恰恰成了另外一些人的焦虑之源。就像雷子的女朋友，看到同事朋友圈里的欧洲婚纱照，就羡慕起别人的奢华生活，并且对自己的生活产生了不满。其实对于同事真实生活的面貌，她并不了解。

清楚地知道朋友圈不能代表现实生活，是很重要的。

我更愿意把微信朋友圈看作是一种愿景，是大家对美好生活的一种理想。我们需要朋友圈，正如我们需要理想。

假如你还在为朋友圈里别人的“美好生活”焦虑，对自己的生活叹息，那么不妨在心里默默说一句：“我知道，朋友圈里那个你，并不是真正的你。”

与其在朋友圈风生水起，不如在现实中活得漂亮。

你是被金钱驾驭 还是在驾驭金钱呢

[1]

说一个真实的故事。

我的大学同学沫沫出身于一个普通家庭，父亲是国企的职员，母亲是个家庭主妇，沫沫在家里排行老二，上面有一个大她三岁的姐姐。这样一个四口之家，全靠沫沫父亲那一点微薄的薪水撑着，可想而知，生活有多拮据。在这样的环境下长大，沫沫从小就养成了节俭的习惯，能不花的钱绝对不花，必须花的钱尽量少花。这个习惯一直延续到了她大学毕业。

大学毕业之后，靠着父母的关系，沫沫进了一家国企，每天朝九晚五浑浑噩噩地混日子，一个月领着四千多块的工资，吃不饱饿不死。之前我一直觉得，在我们这个二线城市，拿着这份工资，沫沫的生活虽不算富裕，但至少应该殷实。但是一次受邀去沫沫家吃饭，却瞬间“亮瞎了我的24K钛合金狗眼。”

那是在九月中旬，趁着中秋，我去了趟南京旅游。回来的时候，我给沫沫带了点特产，沫沫很高兴，要留我在家吃饭。我欣然应邀，跟在沫沫身后走进厨房，准备给她打打下手。

我一边说着在南京的见闻，一边看着沫沫轻轻打开墙角的小冰箱，从里面小心翼翼地拿出食材，然而，当我看到食材的那一刻，我就彻底说不出话来了。

一根用塑料袋包着的外圈发黑的白萝卜，一袋蔫黄的娃娃菜，两粒鸡蛋，两粒还算完整的小番茄……

老大，你这是贫民窟吗？

我目瞪口呆，忍了半天还是没忍住，还是开口问道，沫沫啊，你平时就吃这些吗？

沫沫理所当然地点点头，一本正经地说道，对啊，你别看这些都是素的，但是比起那些鱼啊肉啊的，这些健康多了，既省钱还减肥。

我心里朝天翻了个白眼，耐着性子说道，沫沫啊，我的意思是，这些都坏掉啦，吃了对身体不好啊……

许是看出了我一直游离在萝卜底端的眼神，沫沫有些尴尬地摸了摸鼻子，还是坚持道，白萝卜底端发黑是因为放久了，不过待会把那段坏掉的切掉，剩下的还是可以吃的。娃娃菜虽然有些蔫了，但是煮完之后其实吃不出味道的，最重要的是，这样每斤还可以便宜五角钱……

我有些呆滞地看着她，突然觉得自己好像穿越回了我奶奶的那个时代。看着沫沫熟稔地切去萝卜的底端，接着用一盆水接连洗了碗、萝卜、白菜和番茄，莫名地，我觉得有些反胃。

那天的最后，我终是过不了自己这关，随便找了个借口，落荒而逃了。让我诧异的是，沫沫送我出门的时候，我竟然看见她的眼底闪过了一丝欣喜，突然之间，沫沫从前在我心里积累的形象轰然倒塌，我想，我可能以后再也不会来她家吃饭了。

开车回家的路上，我心里很不是滋味。其实，我并不是反对省钱，相反，我认为这是一个很好的品质，是一种良好的生活态度。在没有足够的经济能力的时候，省钱可以有效地避免在未来遇到一些突发状况的时候，因为没有储蓄而导致很多尴尬的局面。但是同时，我也支持，为了省下一点点钱不惜牺牲自己应有的生活品质。

金钱存在的意义，应该是为了人而服务的，而不是让人们用自己美好的生命为钱服务。长时间过度节俭的生活，很有可能抹杀的不仅仅是你青春的朝气和对生活的热情，更多的是让你不愿去思考人生、磨炼你一技之长的斗志！

[2]

小溪是我在写手圈里认识的朋友，平日里她是个捧着铁饭碗的公务员，每天朝九晚五，领着和沫沫差不多的薪水，却过出了和沫沫截然不同的生活。

她每天上午工作，下午写书，闲暇之余买买买，年假时间旅旅游，日子过得惬意舒适，时尚自由。之前很长一段时间里，受沫沫的影响，我一直以为小溪是个“月光族”，直到今年六月份，她用自己在股票市场里赚的钱和这两年写书赚的稿费付掉了房子的首付之后，我才知道，原来她闲暇之余的买买买，买的除了那些既在自己经济承受范围内又能彰显品位的衣服和包包之外，更多的是能够提升自己见识的书籍；原来，她每年利用年假时间出去旅游，即是在不断拓宽自己的视野，又是在为自己的小说积累素材；原来，在她每一次大手大脚花钱的背后，是她对自己一次又一次的投资。

后来有一次和小溪聊天的时候，小溪告诉我说，其实小的时候，她们家的情况也不好，父母为了尽可能地省钱，几乎剥脱了她的一切快乐。直到自己大学毕业，她都没有去过游乐场。虽然后来当她有了足够的经济实力，花着自己的钱走进了游乐场的大门，但是彼时，阅尽千帆的她却再也感受不到童年的那种悸动了。这是她一生的遗憾。

工作一年，她看中了一套房子，回家和父母商量，父母很是支持。他们翻出了过去几十年所有的积蓄，却发现，几十年里从牙缝之间省下来的钱甚至凑不齐大城市一套房子的首付！

小溪说，她永远也无法忘记那时候父母眼中闪过的痛楚，从前父母在每个月十几块钱的工资里省下的几块钱是多么不容易，但是那几块钱在现在看来，还顶不上一顿饭钱。那一天，她的金钱观发生了翻天覆地的变化，她再也不相信所谓省钱的理论了。她开始有意识地利用手上的钱进行自我投资，让手头上的钱以知识品位等形式，在自己的身上转换成无形资产，让财富得以保值，甚至升值。

那之后，结合自己的工作和兴趣，小溪重新分割了自己的时间。她开始提高自己的效率，将公司所有的工作集中在上午完成，午休过后，便是她的写作时间，晚上下班之后去健身房一小时，而后回来，或者看书，或者找网校的视频学习金融知识，或者看些杂志学习时尚潮流。

我有些动容，同处体制内的我，很是明白要想在那样闲散宽松的环境里保持这样努力向前的激情而不被同化，其实是一件相当困难的事情，不光要有毅力，还得有耐心和决心。且不说从头开始学习和自己专业毫不相干的金融知识，就说写作这档事，刚起步时随便被废个几十万字也是很常有的事情。

我问小溪，那段时间，你有没有动摇过？

小溪歪着头，想了一会，还是认真地点了点头，说，有，但是，比起怕失败，她更怕我的未来会像她父母一样，好不容易来这世上走一遭，结果却把美好的人生全用在了省钱上。

小溪的话如同一把刀一样戳进了我的心里，让我不禁想起了沫沫。

其实，说到底，我们这一代人生活在一个经济增长飞速发展的时代，父辈那一套节衣缩食、省钱存银行吃利息的观念，早已经被时代大潮远远抛弃。在我们这个时代，最好的省钱方式，其实就是去赚钱，而要想能够成功地赚到钱，我们首先应该学的是如何正确地花钱。

花钱投资自己，让自己变得更加强大，努力磨炼能让自己在社会上立足的一技之长；让手头上有限的钱，以知识、技能的形式在自己的身上转换成无形资产，得以保值。而后，再把这些一技之长投入市场，去竞争，去赚钱，以钱生钱，让钱在市场中不断升值，周而复始，良性循环。

写到这里，我突然想起了中国的一句古话，思路决定出路。富人们驾驭金钱，让金钱为自己服务，再利用市场赚钱，结果越来越有钱；穷人被金钱驾驭，每天被困在方寸之地，用自己最宝贵的时间和精力去计较那么一点点钱，也就无暇思考如何赚钱，久而久之，只会越来越穷。

驾驭金钱和被金钱驾驭，说到底，其实也就是思维的差距。

那么，你是属于驾驭金钱的那种人，还是被金钱驾驭的那种人呢？

物质基础都没有，谈什么精神享受

前段时间股市很是红火，在证券公司上班的大学同学给我电话，说能不能帮忙介绍几个人开户，这样她这个月就可以拿到不错的奖金了，于是我发动身边的一众熟人，就像这份工作是我自己的一般积极热情，那些积极入股市的熟人接受度也快，而那些还在犹豫中的潜在性客户我也会稍作解释一下，说明开个股票账户没有关系的，即使你不马上入市，也可以放在那不会有任何费用支出。

这一轮下来，我身边有同事问，这又不是你自己的工作，而且她那点奖金估计没多少钱，最多就请你一顿饭吧？我笑着说大学同学跟我不在一个城市上班，于是同事更加来劲了，那就是说这一顿饭的好处也捞不上了不是？

我笑着点头，默不作声。

去年的时候我的初中死党找我帮忙，说他们公司需要拍摄一些宣传片，让我帮忙推荐好一点的广告团队，我于是认真地询问她关于宣传片的各方面事宜，包括预算跟拍摄主题，以及广告投放的渠道选择跟时间长度，等等，然后针对这些需求做了一个方案出来，再拿着这个方案去找我所认识的广告行业的朋友请教。

我跟这个死党都在一个城市上班，但是因为见面的时间也不多，她一直唠叨着要犒赏我的聚会也就一直没实现。

直到前段时间的时候，距离这个事情的帮忙已经过去快一年了，有一天她说公司宣传片的事情搞定了，老板也算满意，于是因为这个项目，她被提升为了部门主管，当然工资加了不少。

于是身边有朋友问，她负责这个宣传片的拍摄应该也有不少提成吧，有跟你说要分给你一些吗？我说没有呢，于是我再一次被他们定义为是个劳苦功高却半点不讨好的傻姑娘。

我于是反驳，我不觉得自己劳苦功高，最多就是用自己的人际关系帮了一些忙而已，而且重要的是，我并不觉得这是吃力不讨好的事情，因为对于友情维持的投出产出比，我心里还是有一个度的。

对于这个事情的思考，最初是源于我刚毕业第二年的一次同学聚会。

我们学校有很多校友都在深圳工作发展，所以我们也有不少同年级同学也都是在深圳，有一次，一个在别的城市工作的同学来深圳出差，于是说要我把我们这些在深圳工作的同学召集一起吃个饭。

彼此通知之后，我们晚上下班就到了预约的餐厅，按照预定的人数定了一个大包间，结果到了晚上快八点的时候，有几个同学临时变卦说不来了，我于是说如果是因为要加班的话也是情有可原，结果这几个人的反馈都是，本来都已经准备好过来了，只是后来临时就改主意了，至于原因也没说什么。

这件事情本来已经平淡地过去了，直到后来在另外一次同学聚会的聊天中知道，当初那几个临时变卦缺席饭局的同学，是在出发前一刻听说了我们那次聚会的朋友当中，有个同学混得很好，毕业两年的时间年薪也有了三四十万，就因为这一个“三四十万”的关键词，于是那几个玻璃心的同学马上就电话过来说吃饭就不过来了。

其实对于身边同龄人比你混得好这件事情，我也收到了很多留言的提问，我以前从来没有认真地思考过这件事情，直到我工作了三年以上，我发现身边的一众大学同学的差距愈发明显，所以我才开始试着梳理一下自己对于这件事情的思考。

我一开始也是个很玻璃心的姑娘，大学毕业除了考研跟出国的同学，我们剩下这一批直接就业的同学，彼此之间问得最多的一句话就是，“你工作找哪了，多少钱一个月啊？”

那个时候的我不知道该怎么面对这样的同学提问，因为你知道每个人在这个看似轻松的对话当中都会有一股暗地比较的劲，于是那个时候我的回答就是“我的工作一般般，薪水也是马马虎虎的啦！”

当然还有另外一种情况就是，很多人会在两份工作当中纠结，一份是工作比较轻松薪水较少，另外一份是工作强度大但是薪水也高，而我身边的大部分同学在毕业那年，基本上都选择了后一种性质的工作，他们的原话就是“工资高一点，说出去也好听一些。”

其实作为一个过来人，我也知道刚进职场的自己是不配谈理想的。我相信大部分人跟我是一样的，家里没有任何背景关系，远离家乡来到一个大城市工作，父母也不会再资助自己，或者自己也不好意思再伸手向父母要钱。于是这一个月几千块钱的工资就要包含在吃穿住行的每一个环节里了。所以那个时候的我们，月薪3000元跟5000元甚至是7000元的这个数字差别，真的是给人的压力是不一样的，哪怕是多个500块钱，也会觉得不会过得那么压抑。

但是很多时候除了薪水的数目之外，选择一份工作的参考因素还有很多。大到比如说你选择哪个城市，将来的基本规划方向是什么，比如说会不会造成异地恋的牵挂，还有这份工作你的契合程度以及喜欢程度是什么样的，而且至少不要不喜欢到痛苦至极吧；另外就是这个职业对你的发展跟积累的作用有多少，小一点的问题就是工作地点离你住的地方近不近，公司楼下有没有比较多的吃用便利设施，这些看上去无形的东西其实换算成金钱的权重值，那也是很重要甚至是不可缺少的参考标准。

明白了这一点之后，于是每当在职场或同学里有混得比我好的，我都会像饿狼扑食一样想跟他们有更多的交流跟学习，也会创造各种对话的机会能跟他们多请教一些事情，因为我知道每一人当前的点滴成就，倒推回去都会有各种实力加上机遇的原因，而且随着时间的长度拉大，这种差距会更加明显，所以那些三五年一次的同学聚会产生的人生百态，也是再正常不过的事情了。

也就是说，我开始慢慢理性地看待“身边同龄人比你混得好”这件事情了，但是我身边并不是所有的人也愿意跟我一样秉持这样的观点的。

去年的时候我参加了一位校友Z先生的宝宝满月聚会，Z先生比我早五年毕业到深圳发展，如今他已经是很多家公司的负责人及合伙人，他手上还投资了很多个项目，前年我们学校校庆的时候他还作为优秀校友代表被邀请回去演讲了，这对于很多30出头的同龄人而言，他也算是大有所成的榜样了。

那一次聚会上，Z先生过来跟我们聊天，他提起自己打从大学毕业后就从来没有参加过任何一次同学的聚会。一开始是因为同学之间依然会比较谁混得比较好，他是个很重情义的人，生意场上已经很是复杂，于是他在同学聚会上从来不想聊起那些事情，他反而更愿意回忆过去或者聊聊喜爱的运动跟电视节目之类，可是他发现没有一个人愿意跟他聊起这些所谓文艺而无用的事情。

最关键的还有一次，大学班长统计那一年的同学聚会前来的人员名单，Z先生也提出说会去赴会，结果班上的同学聊天群里有人就说，要是Z先生也回来的话，那我就不去了，他那么有钱的人一出现，哪还有我们表现的机会啊，是不是？

此话一出，好些同学同声应和，在聊天群里默默潜水的Z先生于是退出了同学群，然后再也没有去过任何一场同学聚会了。

Z先生边喝酒边笑着说，其实有时候我很是孤独的，我跑得比较快，所以刚开始那段时间一度怀疑自己是不是做错了什么，可是后来当我结交到跟我同一水平的朋友，我又觉得自己活过来了，而且我觉得这些友情的质量以及给予我的思考成长，要比以前那些有用得多。

当然那一夜我记得最清楚的是Z先生说的另一段话，他说人与人之间的友情是在不断变化的，你的朋友也是在不断变化的。当然最重要的，如果你能跟自己的好朋友一起成长起来，那这种友情的维系也是极其珍贵而难得的。

于是当我回想起我给自己的身边朋友帮忙，那些看起来不讨好的无用功，再结合Z先生这段话给我的思考，我开始意识到，我在帮助这些朋友的同时，其实最大的回报在于我自己，而且这种回报不光是在物质上的回报，也不仅仅是想让他们欠我一个人情，更是因为友情的珍贵。如果以后我遇上困难了他们也会帮忙的。

这种回报的真正意义在于，我通过帮助他们让他们变得更好，一方面可以激励我自己也要努力成长起来，而更重要的一点是，我们这段友情的维持，能够给我带来温暖而有力量的陪伴，这才是我最大的收获所在。

比如说如果我跟一个好朋友一起在职场中进步成长，这样我们的思想境界跟对话水平是彼此认同的。我不能要求自己跟一个毕业就结婚成为当家主妇的同学聊这一年该学一点什么职业技能，我并不是说这样的人不能做朋友，而是这样不同生活状态的两人会越来越生疏，即使见面也没有办法像跟我有相同人生轨迹的那些同学的聊天要热火朝天一些。

彼此有共同的成长环境，才能更好地维持友情，以前我不太认同这个观点，可是如今我已经开始认同这个观点，并且觉得这应该是成人世界里的友情法则。

回到前面我帮助的那两个朋友的事情，从比较现实的角度来说，他们不能给我任何的回报，因为都是同龄人他们也无法给我更多的其他资源的回馈，但是这样做的结果是，他们在职场上又走了很好的一步，我可以跟他们继续探讨关于职业发展，关于在这个大城市里奋斗的话题，这种彼此的惺惺相惜、理解跟安慰。

每当遇上工作或生活上的难处时，我更愿意听到的是“亲爱的，我跟你一样，还在赶项目进度呢！”或者是“别担心，我也是这么过来的，你可以这样做……”，我不愿意听到一个不上班在家待着的同龄人朋友告诉我“哎，工作就是那样的啦，各种‘坑爹’……”因为听完后一段安慰的时候，我觉得他没有经历过我所经历过的，我也没有办法像他那样任性不上班就在家当一个“啃老族”了，于是我也不愿意再跟他分享更多，久而久之，联络少了，感情也就淡了。

世界上有些事情不是你努力就可以获得的，友情就是其中一样，更何况是维系一段长久时间的友谊。

当然也会有人说，世界上很多友情是无国界无信仰的，很多不一样阶层的人也能成为朋友，这些我一一认同。但是，我在这里说的是“维系”这件事情，很多人很容易成为朋友，但是却不一定能一直是朋友，这是我此刻想集中说明的主题。

很多时候我们之所以羡慕那些很多年的闺蜜之情或者兄弟之情，我们除了羡慕这些长久的陪伴之外，我们更要知道，两个人能走得长久的背后，是两个人的价值观跟人生发展轨迹的步伐相同在牵引着这份情谊的历久弥新。

在我拥有不多的好友关系里，我总是尽量的向那些比我更优秀的人靠近，然后我也会鼓励也会帮忙那些跟我一样正在奋斗中的朋友，于是反过来他们也会这般对我，长此以往，也就良性循环了。

我在上海的闺蜜去年研究生毕业进入职场，她跟我分享了很多自己遇上的迷茫，于是前几个月的时候我攒了钱跑到上海去见她，给了她一个大大的惊喜，我身边的这些朋友，每当有人正在跳槽或者事业低落期时，我们另外的人就会负责在聚会上买单，以及为他解答目前难题的一些建议跟意见。

这个周末，我跟一个关系很好的旧同事喝下午茶，我跟她提起了下一份工作的规划方向跟思考，然后顺着这条思路看看接下来要不要换一个行业以及该怎么实施的步骤。当隔壁桌的人们在聊娱乐八卦的时候，我们两个女人居然在这个浪漫文艺的咖啡吧里，在这个夏日晴天的周末休闲时光里，一本正经的商量着工作的事，商量着买房的事，商量着结婚生娃的事，商量着要攒钱想去来一场旅行的事。

其实我没有告诉她的是，在这些看起来啰唆细碎的聊天里，让我欣慰的是我们依旧是同一个"频率"跟磁场的人，我期待着我们能一起努力、一起进步、一起成功，在这个大城市扎下根来，三五年以后牵着我们的宝宝出来继续喝茶，继续聊下一个五年的人生规划。

嗯，这是我想要的生活，这也是我想要的友情陪伴。

那个吃饭咂嘴的人真让人讨厌

8岁我打了第一架，原因是嘎查长的小儿子在我饿得都想吃草的时候，他举着一块白面馍馍在我面前晃，小口小口地吃，声音很大的吥砸嘴。我起先就警告他，要不给我吃点，要不就滚远点，他居然挑衅的用白面馍馍喂鸽子，吥砸嘴的声音就跟驴叫似的，我实在忍无可忍，就冲着他那和白面馍馍差不多的脸上杵了一拳，然后他就鲜血横流，号叫着回家找大人去了。

上学后，我的邻座喜欢显摆。我的数学上了十以上的数字我就是带上脚趾头也数不清他的结果到底是什么鬼东西，尽管我依然很努力，终于有一天，我突破了两位数，心里的成就感快爆棚呀，就在这时，我邻座那个“显摆货”，无比鄙视地说：“他都能算出四位数了，白痴！”我就随手给了一巴掌，问他：“一巴掌有几个手指印？你给我算算？”

儿子考上体育特长班，全家人觉得非常高兴，我也觉得值得全家庆贺一番，路遇一熟人，得知我儿子考的特长班，鄙夷地说：“体育特长班甚用也没，等于白念了。”一瓢凉水浇得儿子连吃火锅的心情都没有了。我当时有想把那人的头按在火锅里，问他，这个有用没的冲动。

显摆的人有时候比小人更可耻，他瞬间抢走了你的快乐和幸福，打乱了你寻常的满足和温暖，强迫你在参照物中败下阵来。以别人的挫败感为荣，以激发别人的自卑感为己任，什么心理！

欧洲有个小故事，某镇，几世祥和，邻里为朋，女人极为朴实，不思打扮。后来，小镇来了一外地妇人，极尽媚相，挑唆男人不会打扮的女人就不是好女人，从此，小镇不得安宁，杀人、放火、贩毒、诋毁、诽谤无所不作。在后来，大家都打累了，静下心来才发现自从那女人进来之后，就失去了往日的平和。遂把那女人追逐出境，小镇又恢复往日安宁。原来幸福就像羊群的快乐，牛群是无法参与的。小兔的娇小斑马一辈子都无法体会它吃嫩草的幸福。

别用你的优势去鄙视别人的劣势。你知道他拥有现在的幸福背后付出多少艰辛的努力。寸有所长，尺有所短。每个人的基因不一样，在你看来唱歌就是玩一样的轻松，在“左嗓子”那里可能是他一生努力都无法得来的结果。但谁能体会他唱对一个音的成就感里有多少你所不知的幸福。

每人有每人的幸福，在色盲那里，突然辨认出了红、蓝就是一种幸福；在聋哑孩子的家长那里，叫了一声爸爸、妈妈就是幸福。幸福不是用来比较的，就像一样的鞋子不是所有人穿上都感觉舒服一样。

有时候，我们活得很无趣，并非生活有多单调，而是我们太容易被他人的比较和显摆所感染，被他人的情绪所左右。人是需要一点自我安慰的，脸黑的人你就在健康肤色中找优势；个矮的人就在小巧玲珑中找平衡；没钱的就庆幸自己出门十天也不用担心家里被盗；有钱的就在钱是干净的，生活是有情调的中找乐趣。千万别用自己的长处鄙视别人的短处，万一比出点啥来，你也收不了场。“人在江湖漂，谁能不挨刀”，都省省吧。

活在别人的目光，你就是飞短流长；活在自己的幸福，你就是细水长流。把自己的成就感和虚荣心建立在别人的痛苦上的一切显摆就是耍流氓，比小人还阴暗。

假如你要遇到这样几种人敬而远之：给谁都端着架子的人；自认为学富五车的才子佳人们；出口就是抱怨的人；逮住谁就想炫耀的人；眼高手低的人，指手画脚的人；语言上的巨人行动上的矮子。

低调不是不作为，而是不显摆。善良有时候不仅是给予他人，而是不在他人面前显摆自己的富足。

显摆就像自己的内衣，自己舒服就行了，没有必要见谁逮谁分享，自己不恶心，别人也觉得膈应。

会经营生活，更懂得经营自己

只有你自己发光，

才能驱赶黑暗。

只有你自己发光，

才能被人发现。

只有你自己发光，才能被人发现

表妹今年才毕业，进入职场刚刚一个月。昨天给我发信息说："职场的人际关系那么难吗？为什么我怎么努力，都没法跟她们亲近，总是像是在排斥我一样。"然后发了一个哭的表情过来。

在我的印象里，一直是乖乖女的表妹，顺从听话，性格也活泼开朗，虽说不是人见人爱，但至少不会惹人厌。所以我听到她提到同事对她排斥觉得有点奇怪。我当下就打了个电话给她，问她怎么回事。

表妹的声音有点疲惫，跟我讲了事情的经过。

刚上班的表妹，找很多机会跟大家相处，希望跟大家尽快地打成一片。同事去茶水间，就跟着一起去，希望能听听大家聊天，能插上话就更好。实际情况是，大部分时间只能跟在旁边呵呵呵，偶尔插一句话，别人随便瞄她一眼，又继续自己的话题了。

中午吃饭时，也跟着两个同事去吃饭，打好了饭，喜滋滋跟在她们后面，这时，她们看见了熟人，直接就走了过去，因为那个桌子只剩两个位置，也就是，表妹只能一个人吃饭了。这样的事情发生好几次。于是表妹觉得很委屈，感觉别人都在忽视她。

听完表妹的话，好似场景再现一般，我想起了自己刚毕业的时候。

第一次参加工作的我，自然是不敢怠慢，使出全身的力气，想要做好每一件工作，想要讨好每一个我接触的同事。

那时候，有两个同事（简称A和B）负责带我这个实习生。8点上班，我总是7点半就到了，帮她们倒好水，擦好桌子。吃饭时，等着跟她们一起吃，坐在桌子的最边边听她们聊天。她们工作有需要跑腿的，我也是随叫随到。下班了，也是等着她们一起去做班车。

两个月来，在我觉得自己跟她们相处得还不错的时候，但发生了一件这样的事。

我们公司的台湾领导5岁女儿过生日。给我们营销部大办公室拿来了一个蛋糕。当时在办公室加班，一共9个人，我们小组有3个，A，B和我。领导的秘书在前面的桌子分蛋糕，大家一哄而上去吃。

但是蛋糕只有8块，最后有一个人没有吃到，没错，那个人是我。

我没有一起过去凑热闹，是因为当时正帮A做一份报表，她说这个报表很急，要立刻做好。我听到她们一边吃蛋糕，一边嬉笑的声音。心情却像是抛物线一样，从刚开始的翘首企盼到心里隐隐不爽到最后的失望。

是的，她们把我忘了。别的小组同事也就算了，平时在一起的我们小组的A和B居然也忘了，而且当时情况是，我正帮A做一份她说很急的报表。一块蛋糕并没有多么了不起，但那时对我来说，那至少意味着一种认可。

蛋糕吃完后，她们走到我位置，A夸张又惊讶地说："哎呀你怎么还在这，我还以为你走了呢。"B顺势接上，一脸笑意望着我："哎呀，不好意思，蛋糕都吃完了，你怎么不说一声呢。"

我努力压抑心中翻江倒海的愤怒转化而成的难过，故作轻松地说："没事，你们吃就好啦。"

那天，我不知道我是怀着怎样的心情做完了表格，又是怎么把表格给了A。但是那天我第一次没有等她们，东西一收，就先回去了。

那次先走，却让我遇到我职场上第一个需要感激的人——隔壁部门的主管Y。

Y来自内蒙古，性格泼辣，直言直语，工作雷厉风行，做事严谨细致，骂起下属来毫不留情，谁都不敢得罪她。带我的两个同事，在背后说了她很多坏话，什么爱在领导面前表现，性格太坏，容易得罪人之类的。开始我听了以后，信以为真，平常几乎不敢惹她。

那天晚上她正巧也在办公室，目睹了整件事。回家的路上，我因为有点怕她不敢乱说话，加上心情不好也不想说话。她也一路沉默，我们就这样尴尬的步行了5分钟。

分叉路口，她突然叫住我，轻描淡写的跟我说了一句话。事实上，后来她跟我说过很多如今想起来仍然很有道理的话，可是那天晚上的那句话，就像漆黑幽暗的夜空瞬间划过一颗闪耀的流星，就像大海中迷失方向的夜航船，忽然发现一座灯塔。

她说，“不要为了挤进别人的圈子，忘记自己工作的目的。”

尽管这句话，现在看来有“鸡汤”的嫌疑。但是对于当时伤心失望的我来说，无疑给我了莫大的勇气，让我能重新鼓起士气，继续前进和战斗。

第二天，我一如既往热情地跟A和B打招呼，然而心里却下定了决心，要以不同的面貌面对我的工作。

不再特意去打水，擦桌子，做着这些她们自己也能做的事；不再特意凑到茶水间聊天，笑着那些我根本听不懂的笑话；不再硬是跟她们坐在一起，做永远被忘记的边角料；不再特意等她们一起下班，做那个唯唯诺诺的小跟班。

后来的日子里，我尽量把关注点放在自己的本职工作上，工作数据分析需要做大量的EXCEL表格，那么，我就想办法把表格做到比一般人要好。接下来的几个月里，我学会了EXCEL处理数据很多函数。其中有Y的功劳，她是EXCEL高手。我也开始跟Y学着写职业化的工作邮件，尽量做到每次邮件标题明确直观，内容条理清晰。公司经常会有一些英文邮件往来，所以闲下来的时候，我就看一些英语学习资料。

A和B自然也看到了我的变化，也经常会我耳边冷嘲热讽。我看书的时候，他们不冷不热地说："哟，看什么书啊！""哦，英语，哎哟，你还挺认真的啊。""哎呀，公司给你钱，是让你来学习的吗？"……我向Y求教，回到自己座位后，A满脸"诚恳"的跟我说："你现在跟她走各很近嘛，你当心点哦。她跟我们的经理关系不好。"B斜了A一眼，"你跟她说这些干吗，让她去嘛。"我发邮件仔细核对数据的时候，她们会说"哎呀，快点发出去吧，看这么仔细干吗，赶紧发出去。"

如果在以前，听到这样的话，我必然是惶恐不已。我会隐隐的害怕因为看英语，或是跟Y关系好，就融不进A和B的小圈子了。之前的我会为了迎合她们的口味，回去看他们喜欢的电视剧，为的是跟她们有共同的话题；研究她们聊天中提到的品牌，以便有天她们聊到时，能插上话；远离她们不喜欢的人和事，希望得到她们的认可。

但是那天我却没有原先惶恐的心情了，当我专注自己的工作时，那些之前因为害怕一句话或一件事就惹别人生气而忐忑不安的心情突然不见了。

因为我知道自己在干什么，想要什么，什么是重要的，哪些又是可以忽略的。

后来，我跟Y越走越近，经常向她讨教做表格遇到的问题，工作中的一些处理方案也会请她帮忙参考。

有一天，Y向我们的副理（台湾领导）推荐我做呆滞物料分析报表，发给美国的总公司。我花了一个晚上的时间斟词酌句，加班到10点，完成了那封对我来说特别重要的邮件。第二天我的邮件就受到了副理的夸奖，我部门主管也过来当众表扬了我。

B到我位置上，对我说了一句：“哎哟，没想到你英文还挺好的嘛。”

让我感到诧异的是，当天中午，她们主动叫我一起去饭堂吃午饭。过了几天，还问我要不要跟他们一起K歌。

这段经历，让我突然就明白了，职场中你之所以会无底线地讨好别人，不是因为你懦弱，也不是因为你善良，而是因为你根本不重要。

因为你不重要，所以你更渴望存在感，你竭尽全力明白别人笑话的“梗”，却不知道人家已经有了新的笑料。

因为你不重要，所以你更希望获得认同，你回去恶补他们所说的电视剧，殊不知一转眼，他们已经嫌弃这个剧。

因为你不重要，所以你更期望有归属感，你迎合她们口味学着八卦和吐槽，甚至不知道也许有一天你说的话会给自己带来灾祸。

因为你不重要，所以你不敢拒绝，害怕她们再也不理你，你日复一日在卑微的惶恐中战战兢兢地活着。

因为你不重要，所以你不敢特别，甚至连学习也会变成她们用来嘲弄你的理由，上进则变成她们眼中的要被批斗游街的异类。

职场的圈子有很多种，有的是化妆打扮八卦聊天的，有的是钩心斗角派系斗争的，有的是不惹是非秉持中庸的，有的是努力积极专业钻研的。

在你还不够重要，需要向圈内人学习知识之前，首先要明白自己要挤的是哪一个圈子。别一股脑儿扎入耗费自己精力，最后让自己没有任何成长的圈子。别让你的讨好变得没有任何的用处。别被无形的力量把你拖入平庸无聊的漩涡。

如果真的要讨好，也要去讨好那些对自己工作技能有帮助的同事，或是跟自己三观一致的同事。那时候，讨好也变成了发自内心的真诚，少了很多卑微的迁就。

但是记住，永远专注自己的工作，不卑不亢，让自己逐渐变得重要才是真正要紧的事。因为只有你自己发光，才能驱赶黑暗。只有你自己发光，才能被人发现。

昨天晚上，我把Y当年跟我说的话，原封不动的送给我表妹。

“不要为了挤进别人的圈子，忘记自己工作的目的。”

做个好好先生又何妨

这天，与朋友去喝下午茶。我们点了一套松饼加饮料，等了20分钟却还没来。朋友决定去问问究竟。她的脸色自然是不太好看，没好气地问服务生的，她的套餐到底何时才能来。服务生却说松饼现烤，还要等10分钟呢！

朋友微怒："意思是说，刚刚20分钟都还没烤？到现在还在打粉？"

服务生连声说抱歉，回到厨房去催。朋友愤然地望向窗外。接下来的10分钟，服务生在我们桌边来来去去，送的竟然都是别桌的菜！朋友终于抓狂了，准备再"提醒"服务生一下，我自告奋勇地帮她跑到厨房。那服务生满脸无奈地说："已经在烤了，还要5分钟！"

朋友真的火了，不给店家机会，仍然愤愤地拂袖而去。

我心里也一叹，这件事，我们宣泄了心中的不满，店家也得到了惩罚。但最后是谁被真正惩罚了呢？

还是我们啊！店家继续做生意，我们好好一个下午就这样毁掉了，为了一个迟来半小时的松饼，毁掉一段快乐的时光，值得吗？最后我们争取到了什么？

许多人对我的个人印象是，在讨论中不喜欢表达意见，更不喜欢表露情绪，总是微笑以对，好像什么都是OK的，相当于"好好先生"。

拿薪水来说好了。刚求职时，有人这样建议我，喂喂，你是斯坦福毕业的，要有信心啊！面试的时候，要求怎样的薪水、怎样的待遇，让对方觉得你有价值。没给到这薪水，你就争取，不然就走人！但是，我在这方面总是不会太坚持，我会将自己的一切表达出来，然后就等公司回复，看我适不适合这份工作。

在办公室，我好像也是属于较顺从的那种人。我通常是一直点头，当我打开嘴巴问问题，问的也是“到底该怎么做”。除非老板问我，认为应该怎么做，我才会主动提出来。所以有的同事说：“你不像从国外回来的！国外回来的怎么会这样？国外不都是努力地说话、争取吗？”他们把这样的人称之为“sharp”，聪明又有想法。

有趣的是，我在国外的确曾经有一段时间，学老外努力地争取所有事情。譬如电信公司账单，买东西讨价还价，杀破了嘴，也取得了我真正想要的“好处”，我当时也以我“好厉害”为豪。后来我却发现：一、表面争取到，最后不见得真争取到。我并不是每次都如表面的结果，争取到我想要的东西。二、最重要的是，我变得愈来愈不快乐！因为自己很会抓弊、很会争取，我的眼睛变成像侦探眼，有谁跟我们说话，我们就要看看他公不公平，有没有对我歧视。一有不平，我就与人争取，最后变成争吵，我自己气呼呼的，对方也气呼呼的……大家都气呼呼的。

这世界本就充满了“个人”，大家都有自己的利益，尤其在这个求理求争取的现代社会氛围下，我们愈表达出自己，别人越不可能退让，便愈和别人产生冲突，弄得都很不愉快。我认为，有时候，可考虑在许多杂七杂八的意见中，找到一条夹缝中的路。你会发现，这条夹缝绝对是愈走愈宽，最后所有人都会帮你。

这是一条顺风的路。

顺从的好好先生，他的生命或许就会比较顺，顺流而下，在这世界上其他人所设立的硬夹缝中，他可以“软骨头”适应一切。有施才有得，大家互利互惠，上天不会看不到的。

让你的情绪奔向大海

你是否常常感到自己受到情绪的驱使？

是否常常一时冲动，做了让自己后悔的事？

你是否有时也会觉得自己太过任性？

如果是这样，那么这篇文章，你不妨看一看。

[想要解决情绪化的问题，就先要拿回情绪的主动权]

为何你感到自己被情绪控制？也许你会说，因为情绪太过强烈，吞没了你。但其实，情绪之所以能够吞没你，是因为你在体验到情绪时，便把自己完全浸泡在了情绪中。你用你自己的心理能量，去滋养了你的情绪，而你没有意识到这一点。

你的情绪，并不是你。你就是你。你可以拥有不一样的情绪，即使是在这一刻。

如果可以意识到这一点，那么，你就有机会看一看它。

看一看这份情绪，看看，它长得什么样？

请以一个舒适的姿势坐好，闭上你的眼睛，调整你的呼吸。当你感到你的呼吸均匀而平稳的时候，请想象你的情绪，就像水一样，从你的心田流过。它可能是涓涓细流，可能是湍急的河流，可能是断崖上的瀑布，也可能是别的形态。无论你想象到的是什么，都尽可能地去感受它。

感受它的速度，感受它身上的力量，就好像你真实地触摸到它。听一听它流过时的声音。

来，听一听，这份情绪，它在说什么？

也许，你感受到愤怒的情绪，就像是河流用力拍打着两岸的岩石，试着感受，当那股巨大的力量散去了，浪花落入水面，你的内心会升起怎样的感受。是伤心吗？是委屈吗？或者也许，是悲伤吗？请试着，用一个词语，把它说出来。简简单单地说出来，如果感到困难，那就慢慢地说。

也许，你感受到焦急的情绪，湍急的水流裹挟水中的浮木横冲直撞，请想象水流随着你的呼吸，慢下来，慢下来。试着感受，当你的情绪不愿慢下来的时候，它告诉了你什么。是担忧吗？是恐惧吗？请试着，用一个词语，把它说出来。简简单单地说出来，如果感到困难，那就慢慢地说。

也许你还会有其他的情绪，同样，看一看，当它随着你的呼吸慢下来的时候，你会感受到什么。

在这些感受里，也许你会看到自己的需要，这个需要也许是，你需要感到自己是被认可的，需要感到自己是被爱的，需要感到自己是有价值的，需要感到自己是被需要的。看到自己的需要，去认可它。你的需要没有错，只是以情绪的方式发泄出来，达不到你想要的效果。也许当你理智下来，就会找到更好的办法。

[让情绪，奔向大海]

请调整你的呼吸，想象这一股水流，从你的心田流过，它将奔向大海，大海将是它最后的归宿。你在这里，欢迎它的到来，也默默地注视它离开。你知道，它不会在此停留过久，但是，你感谢它来过，因为它曾经告诉你，你有着怎样的感受。

你会在这些感受中，看到更真实的自己。它帮助你，跟真实的自己在一起。当你变得更加真实，你也会感到更加踏实。

所以，感谢你的情绪，感谢这一切的发生。

当你平静地注视着水流汇成的大海，你可以在这里多待一会儿，在你觉得足够的时候，起身离开，回到现实的世界。这个时候，你已经回归了理智，可以有足够的能量去思考，接下来，去做些什么。

不要太早下判断

在一家高大上的公司上班的最大好处之一，是经常有带着我分辨不清是哪种腔，管他是伦敦腔还是纽约腔的各种级别的boss过来发好吃的。那天戴着绒线帽的某个香港口音的潮男走进办公室，和办公室里的各位打着带着长途航班气息的招呼，施施然掏出一盒精致的罐子，分给众人。

盒子里面的吃食是做得精致的马卡龙，一个一个色彩缤纷模样小巧甚是可爱，不过，于我而言也就仅限可爱。我对马卡龙这种被人称为“少女的酥胸”的甜点没什么好感，以前在某价格不菲的西点店点过，小小一个几十元，我这种嗜甜如命的人，都觉得它黏糊糊的，除了甜腻得吓人之外别无长处。

“哇，好好吃哎！”老板吃了一个，连连赞叹。我随手从盒子里拿了一个粉红的，咬了一口，霎时明白了马卡龙为何获得如此多的美誉。杏仁小圆饼外壳酥脆，内里却湿润香甜，满满的草莓酱恰到好处，口味层次丰富，丝毫没有甜腻的感觉。

吃完马卡龙的时候，突然脑海里闪过了一句话：“你以前觉得马卡龙不好吃，不过是因为你没有吃过真正好的。”

一个朋友，极为讨厌推理小说，每每看到我在读，总是要对我批判一番，说是穷极无聊，后来我觉得不胜其烦，死活推荐了海堂尊的《巴提斯塔的荣光》给他，过了一周，，他把书还我，颇为扭捏得问我还有没有其他类似的书可以推荐。这大概是我看过的第一个“黑转粉”的故事。

小时候买了许多青少版的世界名著来看，长大后也经常会看一些翻译作品。我曾经非常想不通一些名著何以会被称之为名著，不仅是晦涩，更多的是枯燥，而句子亦是拗口，后来有一次，有机会读了一册名家翻译的版本，方才感受到信雅达的美。

表姐自大学毕业后相亲无数，从22岁到29岁，仍然没有实现把自己嫁出去的目标。有次去外地看她，晚饭时听她屡屡抱怨男人的不可靠，目光短浅。而在她的人生里，除了相亲之外，连真正的恋爱都没有谈过几次。

而某次，一个网友找我倾诉，说是异地恋失败。后来有一次看她的主页，总是分享别人一些关于异地或是异国的文章，然后留下高贵冷艳的“总会分手的”，实在是让人难以理解，她究竟哪来的如此多的怨气。

想来他们，都未曾怎么经历，也未曾如何见识过，就开始草草放弃。

每次有明星宣布恋情或者有明星宣布分手，都会有一大批人在网上宣称自己相信爱情，或者不相信爱情了。对于爱情的信任，就因为一些花边新闻而随随便便得改变，那你自己的生活。又会怎么样呢？

这世上有太多的人，吃过几次烧坏的鱼，便判断鱼肉不好吃；读过几本烂书，就信了书不好看；听过几件杀人案，就觉得人心都是坏的；见过几个“外围”，就说女人都只爱钱；遇上过几个“渣男”，就说男人都是骗子；分过几次手，就以为世界上没有真爱。甚至不仅是自己悲观，还要把这种情绪都强加到别人身上。

我一直都很讨厌妄下判断与故作成熟这两种人。很多时候，我们轻易判断某件事不好，没希望，没结果，不过是因为我们看见过的太少，或者看见的东西层次不够。而仅仅凭借我们所见过的那些浅薄世界，就去做出一脸成熟地评判这个世界，其实并不理智。

相信美好的东西，却别仅仅是因为迷恋美好的东西带给你的愉悦，承认缺陷，而不沉浸于缺陷与黑暗可能带来的痛苦。

心空无一物才会寂寞，人无所相信才会痛苦。

这世界并非不好，不过是我们未曾见过好的罢了。

一个人的时候
我只做一件事

一次假期后刚上班的第一天，我和雀子聊天。她说，我很不开心，感到前所未有的不安和孤独。我特别不喜欢这样的状态。

我问，你怎么啦，得了假期综合征了吗?

不是，老邓明天又要出海了，这次是太平洋航线，大约十个月的时间。她郁郁寡欢。

雀子是我的闺蜜，我俩可以分享各种小秘密。她是一个乐观、独立、果敢的姑娘。老邓是她的男朋友，理论上讲应该是未婚夫。老邓是一名海员，一年三百六十五天，差不多二百多天都漂在茫茫大海上。

去年夏天，老邓休了长假，说想休息一段时间，好好陪陪雀子。雀子开心了很多天。俩人在天气晴朗时去湖边晒太阳、钓鱼，然后喝野菊花冲的大杯水；手拉手看电影，去花卉市场买一盆一盆的绿萝、吊兰，摆在冬暖夏凉的阳台上；去超市买食材，做老邓喜欢吃的韭菜鸡蛋馅儿饼和栗子蛋挞……

老邓在的时候，雀子通常是不出来陪我喝茶、聊天、逛街的。她全心全意地陪着老邓。她习惯了他的存在，但是他又一次要离开了。人是群居动物，都会害怕突如其来的孤独。雀子说，等老邓走后，她要养一只小猫或小狗，陪着自己。

末了，雀子说："其实被留下来的人才是最孤独的，还要站在原地安静地等待。"然后，硬生生地给我挤出了一丝笑容，那笑容像躲在寒冬雾霾里的那一抹朦胧的太阳。我突然很心疼眼前这个身形单薄的姑娘，是得有多大的勇气才可以一次又一次面对长久的别离，而且是连三天一通电话都没有保障的异国爱情。还要在等待的日子里，保持优雅向上的姿态。

有一个周末中午，我做了个梦，梦中妈妈在厨房做饭，妹妹在庭院里和爸爸聊着她期末考试的成绩，只听到有敲门的声音，妈妈喊我，墨儿，小王同志到了，赶紧起床吧。我寻索着浓浓的香甜味儿，在想我到底是该穿黑色的长裙子，还是穿米色的棉布衬衫和牛仔裤呢？然后就醒了。阳光穿过玻璃窗打在白色花朵的床单上，打在散落在床边的红色毛衣上。我呆呆地躺了好久，才恍然醒悟，哦，家里哪有人啊，在这个房子里，这个城市里，只有我自己。也许这就是孤独吧，突然惊醒的午后，发现身边连个说话的人都没有。

老实讲，每一年我最讨厌的，就是春节假期过完刚来上班的这段日子。因为我是一个长时间独处的人，除了上班时间，几乎都是一个人。但是一个人时，我会努力调整好自己的状态，我可以看电影、看书、写字、运动、画画……找各种事情去做。所以，孤独并不经常来我家串门儿。但春节假期打破了我的生活节奏，我每天跟家人、朋友在一起，热热闹闹的，不觉孤独。假期结束了，我就开始感觉很失落，心里空荡荡的。

许久以来积攒的强大勇气，就像一只气球一样，经历了热闹喧哗的美丽时光后，砰的一声爆炸了。孤独无声无息地把我淹没，然后又需要吸气呼气，重新积攒力量去充满另一只气球。像我这种内向、慢热、不习惯用语言表达自己内心情感的人，往往需要躲在自己安全空间内调整几天，才能整理好心情再出发。

昨天在QQ上，雀子跟我讲，她找了一份兼职。她有一个朋友去了佛罗伦萨，半工半读，没时间照看网店，于是她接手帮忙打理网店。那是一家布艺窗帘的网站。雀子说，店里有安装师傅，也有客服，她就负责平时主页面的更换、配色和设计排版。我说，你拍照技术很赞，但是网页设计你可以吗？她说，没关系，Photoshop我还能做，一直以来，只要与设计相关的元素我都非常感兴趣，所以我已经决定跟着视频学习Dreamweaver和Flash，我想让自己的生活多一些乐趣和色彩。

上一次老邓出海后，雀子跟着大卫学习摄影，她聪明好学，心思细腻，常常捕捉一些感人心扉的镜头，后来还参加了公司举行的摄影展。那次，她参赛的作品是《停留》，是她去海边写生拍下的照片。一望无际的大海与浅蓝的天空接连一片，海浪开心地拍打着沧桑的礁石，一枚红蓝条纹的小船系着岸边，小船静静地望着汹涌的大海，不知疲倦，船身上的漆脱落得斑斑驳驳。照片获得了二等奖。从这张照片里，我读出了小船的孤独和雀子的思念。

上上次老邓出海后，雀子报了舞蹈班，跟着老师学习恰恰和拉丁舞。半年下来，瘦了五公斤。看着她纤细的腰身，我又一次咬牙切齿地决心要减肥。期间，她还报了广告设计的成人选修课，熟悉掌握了PS和AI。并且从一家传媒公司的文员成功跳槽到一家上市房产公司做策划师，主要负责广告推广工作，年薪翻了两倍不止。

雀子说过，像我种不思进取的人，每次下决心改变自己时，总是在我最孤独的时候。我痛恨这种孤独的状态，孤独伴随着不安刺痛我的内心，所以就迫切的渴望通过自身的强大去改变这样的状态。老邓每一次出海后，没人陪我时，我就赶紧找点事情做，不至于太冷清。我想把自己的生活塞得满满当当的，这样每天都是多姿多彩的。

我呢，一个懒癌晚期患者。王先生陪着我时，我只需要每天上班，其他一切不用操心。我不学做菜，反正有人做；我不学开车，反正有人送；我不整理房间，反正有人整理；我不搬重物，反正有人来搬；我不缴物业费、水费、电费，反正有人缴；我不去取快递，反正有人取……

可是，王先生在另一个城市工作，每年至少两百天的日子是属于我一个人的。日子嘛，总是得自己过。所以，每当下班后自己又不愿意在外边随便吃点晚饭时，那就自己做点吧，自己最了解自己的胃嘛。吃完饭，也没人跟我聊天贫嘴时，就找些自己喜欢的书读读。人丑就要多读书，人笨要多读书，人懒要多读书。那么，我又丑又笨又懒，更没有理由不多读书。

我还有个兴趣，就是写字。从去年五月份在网上写文字以来，陆续收到一些好评和喜欢，我很快乐。我发现写字是一件快乐的事情，继而发现孤独感渐渐远去了，独处也可以是一件快乐的事情。

今年是王先生去另一个城市工作的第三年。渐渐地，我发现我学会了自己做菜、自己养植物、自己开车去陌生的地方度假，学会了管理时间，也在逐步治疗自己的懒癌。这样想想，我也是有收获和成长的。

有人说陪伴是最好的礼物，可是我们这些没有礼物的人，也得学者自己送给自己礼物呀，我感谢每一段孤独的时光，感谢在这些时光中蹒跚的自己。

孤独，是给我们思考自己的时间，在一个人的日子里，我们要做的只有一件事，让自己变得更优秀。

爱自己是最大的自我经营

[牺牲自己并不会使大家都幸福]

小的时候我们全家都住在乡下，家里会养猪，养鸡鸭这些家禽，还会养小狗、小猫这些小动物，因此家里的剩饭剩菜常常都成了这些动物的吃食。我妈妈也会因为养这些动物的缘故，故意多做米饭的量。后来有一段时间，家里不养这些动物，可是我妈还没有适应和学会改变，每每做饭都做太多，而剩下一些饭。第二天，她主动要吃剩饭，家里的其他人都吃新鲜的饭，如果谁和她抢吃剩饭就像剥夺了她的展现伟大母爱的权利一样，她会非常不高兴，于是大家都让她吃剩饭。但是当她把剩饭吃完，当天新鲜的饭又会剩下一些，于是这些剩饭我妈又留着第二天自己吃。她吃剩饭吃了好几个月，大家都觉得对不住她，最后在大家的坚持反对和反复劝说下，也因为妈妈终于肯少做些饭的缘故，她终于不再吃剩饭了。从这事情上我也终于找到我母亲为什么爱唠叨，爱抱怨，还让别人听了很不舒服的原因：她太过度牺牲了。

我相信很多子女一定听过自己妈妈这样的抱怨：我舍不得吃，舍不得穿，什么都给你们好的，起早贪黑地干活都是为了你们，为了这个家，你们却这样不懂事，真让我伤心。也许是社会观念的支配，认为母亲就应该为了家庭，为了子女牺牲自己，奉献自己，也许是母性使然，母亲会爱护孩子，热爱家庭，为了家人任劳任怨，不断付出，委曲求全。总之母亲这一角色总是与奉献和牺牲联系在一起，但是一个人过度牺牲自己，长期让自己受委屈，既不会让自己感觉幸福，也会让身边的人产生压力。

多年前有一则新闻引起广泛的热议。哈尔滨有一个单亲母亲，从儿子中考一直陪读到儿子考研。孩子两次考研两次失败，为了母亲他还想再考。但严重的抑郁症使他再也考不下去了。孩子持刀自残，母亲夺刀相救，结果误刺母亲，险些要了她的性命。据说这位母亲本来是一个性格开朗、工作干练的基层妇女干部。当她下决心进城陪读的时候，刚刚40岁出头。她拒绝再婚，辞掉工作，卖掉房子，把自己生命的全部都押在了儿子身上，结果换来的不仅是考研的失败，也毁了孩子的人生。

这位母亲陪读九年，牺牲巨大，结果却是如此残酷，让人惋惜也替其不值，但是这件事也让我们认识到这一点：女性为了孩子，牺牲自己，并不是智慧的做法。一个把全部心思都放在孩子身上没有自己的理想和追求，使自己的生命之光黯淡的妈妈，不单自己活得累，而且还会给孩子造成巨大的精神压力和负担。

纪伯伦在《先知的灵光——孩子》中说得好：“他们是借你们而来，却不是从你们而来，他们虽和你们同在，却不从属你们。你们可以给他们爱，却不可以给他们思想，你们可以荫庇他们的身体，却不能荫庇他们的灵魂。”孩子也会有自己的选择和人生之路要走，他们有自己的自由和思想，那些企图控制孩子，那些希望以牺牲自我为条件换取孩子成功的父母，很有可能会牺牲掉自己的孩子。而那些给孩子自由成长空间，同时不放弃自己的追求，努力为自己奋斗的父母则会给孩子树立一个好榜样，使得孩子更健康更快乐地成长。

很多女性面对孩子时会过度牺牲自己，面对伴侣是也常常过度牺牲自己。我有个男性友人近日非常苦恼，因为他的女朋友总是动不动就对他发脾气和指责一通，有的时候甚至对他进行人身攻击。常常是以“我为了你”为开头，“可是我却什么都没得到，你还这样对待我，你个没良心的”为结尾。原来当年他们在另一个小城市生活，为了男友的事业发展，女方放弃了自己的工作，两人一起来到大城市打拼和奋斗。来到大城市发展后，两个人都有了新工作，但是男方工作异常忙碌，女朋友为了男朋友的健康，辞了工作，照顾起他的起居饮食，两个过起了幸福的同居生活。但是好景不长，当男朋友获得事业上的晋升，小有所成的时候，他们的幸福却不见了，开始频繁争吵。女朋友因为一心扑在男友身上，在新城市里并没有交到多少朋友，男朋友工作忙碌不能陪伴她的时候，她倍感孤单。

随着男朋友事业的发展，她越来越没自信而且变得多疑，常常查看对方的手机，盘问男友的行踪，怀疑他和别的女性有染，觉得自己为他远离家乡，放弃了自己的工作，实在不值又委屈。这使得她长期陷于痛苦，又让另一半不胜其扰。我对这位男性友人的建议是：找个保姆照顾两个人的生活起居，让女友停止过度牺牲，鼓励女友出去找份自己喜欢的工作，同时出去社交，建立起自己的朋友圈，这样她不仅没时间去吵架，也更能找到自己的价值。

过度牺牲是婚恋关系中的一大杀手。很多女性错误地认为：当自己为这个家庭，为这个男人付出更多的心血，奉献更多的自我，就能得到对方更多的爱。但我们发现，实际上，正好恰恰相反，越是更爱自己的女性，当然这里的爱自己并不是自私自利，而是指为自己而活的女性，越容易拥有一个更爱自己的伴侣与更美满的婚姻生活。而为了父母，为了家庭，为了伴侣，为了公婆，为了子女而付出一切，牺牲一切的女性反而会面对更多的贬抑，这种生活似乎也变得不幸福了。

如果男女双方获得的幸福是通过女性过度牺牲，无论牺牲的是她的事业、学业、还是人际关系而获得的，那么他们的关系反而很难稳定，幸福很难持久，往往还会出现问题。这是为什么呢？原因很简单，牺牲意味着伤痛，意味着不公，只要有伤痛和不公，就会希望获得代价和补偿，一旦存在“代价”和“补偿”就会破坏两个人的关系。牺牲的女性内心其实并不是心甘情愿地付出，而是为了有所得而牺牲的，但是得到多少才算公平和满足呢？这一点很难衡量。她往往需要伴侣更多的关心更多的爱，如果伴侣做不到，她就会替自己的付出感到不值，也会怀疑伴侣是否爱自己。而承受牺牲的男性会产生很多的负罪感，刚开始他会感谢或疼惜女性的付出，更爱她，但是时间一久，对对方的疼惜与爱也会减弱，同时也会因为不堪负罪感的压力，开始逃避，为了躲避内心的负罪感，反而会认为女性的付出和牺牲是理所应当的，是她自己没有能力的表现，会更加贬低与指责女性。这就会陷入一种恶性循环，从而有可能导致双方关系破裂。我们看到很多为了伴侣牺牲的女性最后不仅得不到伴侣的爱，还导致伴侣离开她就是这个原因。

在现代社会中仍有一部分女性把自己的人生希望全部寄托在孩子和伴侣身上，认为自己是从属于孩子，从属于伴侣的。以为孩子有出息，就是自己有出息；伴侣事业上获得成功了，就是自己成功了。其实这是一种天真的错觉，每个人都是独立的个体，伴侣、子女并不能代表你自己去创造价值，一个人对自我价值的寻找与建立，对生命探索必须由自己完成。

还有的女性企图通过牺牲自己的某项权利，牺牲自己的某种需求来获取伴侣的爱，其实这种人并不能够很好的爱自己，也注定无法很好的爱他人，只是以各种各样变相的方式去控制对方。她们的口头禅常常是：“你看，我为了你这样，我为了你那样，你却什么都没有为我做。”“我对你这么好，你却老让我伤心……”其实她们表达的深层含义是：我为了你牺牲了自己的幸福，可是你却没有让我感觉幸福。

还有一种女性会有自我牺牲的错觉，明明也没有付出很多，却会觉得自己非常委屈，遭受不公待遇一样。你发一条短消息给男朋友：“李雷，我爱你。”然后一分钟看300多次手机，希望收到：“韩梅梅，我也爱你”的回信。没有收到，你就伤心难过，沮丧万分，觉得对方不爱你。其实说到底，这些统统不是爱，也不是心甘情愿的付出，而是打着爱的旗号索取，这是一种隐形的要求，要求物质和情感的等价交换，这是把自己索取爱当成爱对方。因此，她们会对在伴侣身上的每一点付出记得清清楚楚，同样也会斤斤计较，明明是自私地索取爱却老感觉是自我牺牲，所以没有等价回报的时候就成为怨妇，成为受害者。

[不过度牺牲，才会有幸福]

我鼓励女性不要过度牺牲自己，要建立起自己的价值。一个女人，首先是作为一个独立的人存在，然后才有其他属性，作为妻子，或者作为母亲的角色。如果你把自我的价值建立在伴侣和孩子身上，你自己既难幸福，也会使得伴侣、孩子因为要对你负责而生命不能承受之重。每个人都是独立的个体，都有自己的人生之路要走，这条路也是不同于他人的，不管是面对孩子，还是面对伴侣，女性要学会爱自己，避免过度牺牲掉自己的自由、独立和幸福。

事实上我们应该认识到：幸福是一种能力，真正的幸福感并不是来自外部的给予，而是来自自我内心深处的滋养。德国情感医师爱娃写了一本书《爱自己，和谁结婚都一样》表达这样一个观点：你的幸福掌握在自己手中，请将寻找爱的触角伸向自己的世界。她在“真正的伴侣是你自己”一节中说：“我们所需要的理想化的存在与完满合一的感觉，更多的是从我们自身内部获得。每一个人生来就是如此，但是人们往往容易忘记这一点。这就如同一颗葵花籽，所有使它最终成为一棵向日葵的信息已经都蕴藏在种子里了。”我们是有能力让自己获得幸福的，而不必通过自我牺牲的方式获得。

国际芳香疗法治疗师学会大中华区首席代表金韵蓉老师写过一本书《先斟满自己的杯子》的书，她在书中说：“不要再等待别人来斟满自己的杯子，也不要一味地无私奉献。如果我们能先将自己面前的杯子斟满，心满意足地快乐了，自然就能将满溢的福杯分享给周围的人，也能快乐地接受别人的给予。”从现在开始停止一味奉献，拒绝过度牺牲，学会爱自己，只有爱自己的人才能更好地爱他人，得到他人的爱。

爱自己，说起来容易，做起来并不简单，我相信只要我们一起努力，去学习就能够做到。除了不要过度牺牲外，爱自己，我们还要尝试做到以下几点：

1. 照顾自己的身体。有些女性非常关心和在意伴侣的身体健康，对自己的身体却不够关心和照顾，生病了还要硬撑，对待自己饮食也非常随意。从现在开始你要爱自己，照顾好自己的身体，健康饮食，注意劳逸结合，适度锻炼身体，远离不良的生活习惯，呵护自己的身体。

2. 学会接纳自己，赞美自己。有的女性朋友总是对自己很苛刻，很挑剔，对自己有诸多不满，比如胸太小，眼睛太小，腰围太粗，事业不够成功……从现在开始爱自己、接纳自己、对自己满意，学会欣赏自己和赞美优点。

3. 停止自责。有些女性喜欢大包大揽，生活中一遇到问题就开始自责，觉得一切都是自己的错，男朋友提出分手是因为自己做得不好，丈夫出轨也是因为自己做得不好，孩子学习不好也是因为自己做得不好。有的明明不是自己的责任却也要归咎在自己身上，用别人的错误来惩罚自己。从今天起，爱自己，不要再自责了，你已经做得很好了，很多事情不是你能控制和搞定的，你要学会接受这一点。

4. 独立自主。爱自己，你要学会独立，有自主精神。你有一定的经济收她之所以能这么迷糊还不被骂，是因为小时候她被妈妈不小心推倒，伤过脑袋，父母都心里有愧，对她百般呵护，对她的学习根本不要求。后来她考上了一所本城的大学，毕业后去了一所职业学校做行政工作，不知道怎么阴差阳错，居然还当了个小官，老公是那所学校的老师。

有一次碰到了一起，她还是清水寡面的样子，我问她，为啥不在微信里面说话。她憨憨地笑着说："我到现在还不会用呢，我手机都不怎么用。"

我手把手教她用微信，给她看朋友圈的八卦。她看到那位高大上的生活，啧啧称奇，说："她好能干啊，每天做这么多事，去那么多地方，我们有福了，可以看到这么多高级的生活方式。"

我开玩笑问她，那你幸福吗？她愣住了，说："我好像从来没有想过这个问题呢。我一直都觉得自己特别幸运，当年成绩那么差，考试靠猜，还能考上个二本。脑子那么笨，家里也没有过硬的关系，还能找到现在这份有保障的工作，还有人赏识我，信任我，让我做这个管理工作。这一切对于我来说都不是理应发生的，但我都得到了，更别说老公和儿子。我妈操了多少年的心，怕我嫁不出去孤独终老。"

想了一下，她总结道："很多时候我都不愿意跟人说我自己的生活，因为我感觉自己像个中了大奖的幸运儿，谁中了500万会满世界去说？肯定是立刻销声匿迹，生怕被人知道，我好像就是这样。"

一瞬间，这句话好像打通了我的任督二脉。我眼前闪现出一系列"晒客"：晒幸福的，晒心情的，晒鸡汤的，晒思想的……她们的人生经验多么有道理，要减肥，要漂亮，要独立，要有效率，要强大，要藐视男人……都比不上这位轻轻一句，我没什么经验，我只是运气好，中了大奖，这有什么好分享的呢？各位慢聊，我自己要忙着偷乐去了。

入和工作能力，能够养得活自己，能自由支配自己的收入，这会让你自信和有安全感。你还要有自己的朋友圈，没有恋人陪伴也不会太感孤单。你最好还有自己的兴趣爱好，不怕与伴侣分开，一个人独处也愉快。

5. 尊重自己，学会倾听内心的声音。你是不是常常因为外界的压力而委屈自己，违背自己的心声：学一个父母认可而自己不喜欢的专业？做一份别人看起来很不错但自己却不喜欢的工作？和一个条件不错但自己不爱的男人在一起？学会爱自己，不要委曲求全，要尊重自己内心真正的意愿，要有勇气拒绝自己不愿意做的事情，为自己而活，成为对自己心声负责的达人。

在适合的季节 享受最美的生活

我的姥姥很有意思，一箱苹果，她专门挑烂掉一小块儿的吃。她耐心地用水果刀把烂掉的那一小块削去，然后再津津有味地吃掉剩余的果肉。等到第二天，原来好好的苹果又有一只烂掉了一小块，姥姥依旧如法炮制，吃掉这只烂苹果。

结果呢，一箱苹果像是跟姥姥做游戏一样，一只只陆续烂掉，然后粉墨登场，被姥姥吃掉。就这样，满满一箱苹果吃到最后，姥姥竟然没有吃过一只完好的苹果。

我们都笑姥姥，告诉她应该先吃最好的。姥姥却说："我呢，是想把最好的留在最后吃。你们想啊，烂了一块的苹果如果不赶紧吃掉，就全烂完了，糟蹋了。"

我们反驳说："您这样吃法，好苹果也放烂了，损失更大。"姥姥说："我就是想把最好的留到最后嘛。"姥姥的这种逻辑，让我们无言以对。

我的妈妈好像完全继承了姥姥的衣钵，也习惯"把最好的留在最后"。那年，我花了一千多块钱给她买了一件羊绒大衣。这是我妈所有的衣服中最贵的，她也最喜欢。这件羊绒大衣不论颜色和款式，都特别适合她。妈妈平时舍不得穿，只有在最隆重的场合才穿一次。

几年的时间，妈妈只穿过三次，一次是妹妹结婚时，一次是出席表弟的婚礼，还有一次是我们去看望天津的亲戚时。每当她穿上这件羊绒大衣，都会赢得别人的赞美。越是这样，妈妈就越珍惜这件衣服，越是珍惜，就越舍不得穿。

几年过去了，如今羊绒大衣已经过时，没几个人穿了。而且妈妈那件羊绒大衣的颜色和样式也不合潮流了，如果穿出去，别人一定以为是古董呢。

妈妈却一直把自己最心爱的衣服收藏得好好的，偶尔抖出了，无比惋惜地说："一千多块钱的衣服，才穿了三次。"我说："谁让你总是把好东西留着呢，留到最后没价值了吧。"母亲叹口气。

其实，姥姥和妈妈没能明白一个道理，有些东西，会随着时光的流逝而贬值，如果不充分利用，就是一种浪费。她们以为自己足够节俭，却因为这种过度的节俭，丢失了很多不该丢失的东西。

别把最好的留到最后，吃的、穿的、钱，等等。这些都会在时光的逝去中慢慢丧失原来的价值。除了这些，还有很多会在时光中贬值的事物，比如青春。

有的人在年少时，不充分利用青春的价值，让青春焕发应有的光彩。以为反正大好时光在手，留到最后也无妨。恍惚间，青春走远，一去不回。荒废的青春，已然成为一只烂掉的苹果，一件过时的衣服。

别在秋天寻找春风的足迹，也别在冬天寻找秋月的影子，在适合的季节享受最美的生活。学会理智地去珍惜，别把最好的留到最后，这不仅是一种正确的消费观念，更是一种智慧的人生态度。

真正幸福的人才不会去问自己是否幸福

朋友圈里有一个风云人物，外资银行主管，有一个比她小四岁、家境很好又帅气的老公，生了一双萌得不得了的儿女。出差不是去纽约就是去东京，收到的礼物不是香奈儿就是GUCCI。

这么高大上的人物，我们能仰视她的生活，全靠微信朋友圈。自从一次同学聚会后我们班建了圈，她加了进来，我每天早上醒来一睁眼就是拿手机看微信，看她又去了哪里，见了什么人，和老公孩子上哪家餐厅腐败，简直比追金秀贤还发烧。

一天凌晨，我迷迷糊糊上厕所，习惯性地拿起手机看了一眼，发现她居然发了一条微信“幸福是最难买的奢侈品。”当场我就评论“你都不幸福了我们可以去死了。”过了一会儿这条微信和评论都被删除了，她私信给我说：“失眠了突发感慨，没什么。”

不久，听说她离婚了，老公早有外遇。她的微信开始各种人生感悟，心灵鸡汤，度假变成了去印度寻找灵修圣地，把孩子送到国际学校寄宿，请了菲佣。大家纷纷追随，疗伤都这么梦幻，离一百次婚都值啊。

就这么追着她的人生，我时常觉得自己过得太惨。

奇怪的是所有女生中只有一位没有加入微信圈，当年我们班最有名的那个“猜不出问题的你”，老师点她回答问题的时候，她总是一副很无辜的样子瞪着大眼睛说：“难道是A吗？不对？那是不是C啊？”

学会与自己独处

林徽因说过，真正的淡定不是避开车马喧嚣，而是在心中修篱种菊。如果想衡量一个人的内心有多强大，就看他能不能一个人独处，如果想衡量一个人的格调怎么样，就看一下他独处时都干些什么。

人这一生不是与别人斗争，而是修炼自我的过程，经得起寂寞才能获得自由，耐不住寂寞则很容易受到别人的牵制或干扰。

独处能帮我们守住内心，让我们用心去感受生活的真谛，用心去总结癫狂嘈杂的生活带给我们的启示，这是一个人成熟的标志，也是一个人变得强大自立的标志。这时的我们，更多的是凭信念在关照自己的内心，只要相信自己就会无比坚定；这时的我们，更多的是孤独，但只有耐得住孤独和非议，才能找到最真实的自己。

有时候，别人会把你妖魔化，以前我会费力地去向别人解释，但现在我不会这样做了，因为你不可能让每一个人满意，而且也很没有必要。我们要认真地对待工作、亲情和爱情，但这绝对不能是我们生命的全部。因为只有独处才能把头脑和心灵里不好的信息清空，从而来接受更多好的新鲜的东西。女孩子大多会失恋，但是靠寻找下一段爱情或者和朋友一起吃饭、唱歌来填补空虚的心，往往效果会更加糟糕，这样不仅不会让自己变好，反而会让自己找不到自我。

两年前，我的感情遇到了问题，感觉情绪一下子跌入低谷。那时正好赶上十一长假，那一夜我彻夜未眠。我觉得自己有很多地方做得不够好，比如没有多为对方着想一点，生活能力比较差，好像只会工作不会生活，过于依赖司机和助理。所以，我决定来一段不需要任何人环绕的旅行，第二天醒来，我就抱着自己捡来的小狗，掸了掸车上的灰尘，踹了踹四个轮胎是否能用，确认一切OK之后就起程了。这是我第一次一个人开长途，坦白说，这对我的身体和心理都是一个极大的挑战，我一路听着导航，开始从北京出发去我的老家青岛。我知道近800公里的路程对于我来说可能面临很多挑战，但是既然起程了就要走下去。

刚出北京，我就被很多卡车夹在中间，卡车里是即将被买卖的猪，我看着它们绝望的眼神，听着它们声嘶力竭的呼唤，我想，生命结束时竟然会这样残酷，但我又阻止不了什么。于是我看着我的小狗说："乖乖，你是这么幸运，但愿你下辈子千万不要再转世做动物。"我不敢看这些待宰的动物，心里一阵阵的心酸。

刚刚突破重围，迎接我的却是瓢泼大雨。眨眼间外面就看不到路了，平时不怎么开车的我被这么大的雷阵雨吓到了，我根本看不到前方的路，突然间又感觉很恐惧：因为不知道前面有没有车，后面的车开得有多快，我强迫自己镇定下来不要急躁，慢慢地一步一步试着往前开。天气像是跟你开玩笑一样，开过这段雨突然停住了，天一下子变得晴空万里。我的心情豁然开朗，我把车的天窗全部打开，开开音乐，看着我的小狗突然觉得很幸福：天真的有不测风云，人也会有旦夕祸福，风雨过后一定有彩虹，但一定要经历过风雨才会有彩虹。又开了一段时间，前方开始排队，警笛不停地在响，原来三辆卡车和一辆小轿车相撞了，事故已经处理完毕，开着车离开的时候我不敢看事故现场，因为我怕自己没有勇气开完剩下的300多公里路程。那时，我觉得自己又是多么幸运，这一路就像人生一样那么无常，在重重阻碍和恐惧中我到达了青岛，我为这一路的遭遇沾沾自喜。觉得自己成长了，那些不开心也像是尘埃一样，被大雨淋了个干干净净。我穿越近800公里到达了彼岸，完成了自己对自己的承诺，见到家人。

我曾经花大把时间去世界各地，想看不同肤色的人的生活，想从中寻找到生命的意义。我去米兰，去巴黎，去普罗旺斯……我经常端着咖啡，坐在路边，看不同肤色的人来来往往不停地为各种目的奔波，我突然发现世界上的人都好相似。所以，现在我宁愿在家里待着看看书，听听音乐，或者干脆什么都不干，哪怕发呆也觉得这时光是自己的。

所以，不管男孩还是女孩，都试着给自己一些独处的时间吧！只要我们想发现生活的本质和快乐，你就会收获很多。人生很短暂，算下来我们独处的时间就更少了，所以要做独处的有心人。看一本书，出一身汗，来一次独自的旅行，努力跟自己去对话。相信你会在与自己独处的时候，发现自己的问题，并在解决问题的过程中变得更加强大。

变好的过程中 别忘了带上你的灵魂

[1]

老胡说过，于一个姑娘而言，你永远无法用金钱换来她最宝贵的东西，你也别想用眼睛看到她最美的样子。她若爱你，愿用无价青春陪你度过艰难岁月，她最美的模样，永远不是那定格在脸上的容颜，而是你用心感触的美好。

虽然，老胡现在还没有女朋友，那我还是挺认同他这句话，说起来蛮有道理。

当网红越来越多，当微整容越来越普遍，当各种神效化妆品被热捧，你会发现身边的“美女”越来越多，超市里，地铁上，公园内…那么多貌美如花的姑娘，总是让我们的视线流连忘返。

随着年龄的增长，我们发现某些时候没有好的颜值做事似乎有些吃亏。同一场面试里，在能力相近的情况下，颜值高的那个似乎能优先得到青睐；在超市推销同类型的商品时，工作人员颜值高的那家似乎会吸引更多的顾客；就连相亲的时候，没有心仪的颜值也不想久坐长谈……

相比于男生，女生在这方面的影响会更大。于是越来越多的姑娘尝试着做出改变，有的则是坚持锻炼，控制饮食来改变自身，有的则是通过现代技术或药物来弥补不足，也会有坚持自己的生活态度，相信自己就是最好的，过着洒脱自我的人生。

其实不论通过什么方式，每个人最终的目的只不过是想让自己变得更好，想让自己的生活的更加精彩而已，初心都是积极、美好的。

只是，在你不断变美的过程中，请别落下自己的灵魂。你拼了命地让美貌跑在前头，却发现落下的灵魂离了自己好远，到最后，自己的修养却配不上美貌，就真的可悲了。

[2]

昨天室友过生日，于是寝室几个人便一起出去吃了一顿，因为都是学生，大家就建议到小餐馆里吃一顿就好了，免得让室友破费。

最后我们到了一家吃川菜的店，就在学校附近，因为这家店确实物美价廉，菜的分量足而且价格又不贵，很多学生和周围的居民都会在这里吃。

等我们到店里的时候，人还不是很多，于是我们选了靠近窗的位置，拿了菜单，各自点了几个爱吃的菜，叫了一箱啤酒，便嗑着瓜子等着上菜。

就在大家闲聊的时候，门口走进了一位大美女，真的很漂亮，披肩的乌黑长发，精致的五官，白皙的皮肤，一切美女该有的特征，在她的身上都得到完美的体现。

美女坐在离我们五桌的地方，点了几个菜后便低头玩起了手机。而我们这桌的几个大男生都时不时地向她那瞟了几眼，而后便彼此看着对方说句：“真是猥琐。”“你也好不到哪去。”然后便是相视一笑。

我们点的菜很快就被端了上来，大家便开了啤酒，碰了一杯，祝福室友生日快乐，然后便吃了起来。

[3]

在美食和啤酒面前，我们渐渐淡忘了刚才的美女，大家觥筹交错，推杯换盏，好不痛快。就在我们喝的正尽兴时，忽然听到一个女人的大喊声，还有轻轻的呜咽抽泣声。

转头望去，原来是那位美女正在拉着一个小姑娘在说着什么，小姑娘好像就是老板的女儿，平时下课后会帮着店里端端菜，拿拿饮料什么的。

“你说怎么办吧，我这身衣服是前天买的，2000多块钱呢！怎么赔吧？”依稀中听到美女冲着小姑娘在说什么赔偿，不一会儿，老板从后台走了过来，低着头向美女在道歉。

原来小姑娘在端汤的时候，下盘的时候，手滑把汤洒到了美女的衣服上，确实有点污渍，但也没有多大的事情呀，没有必要把人家小姑娘都弄哭了。

老板说给美女免单，并答应会报销美女衣服的干洗费，但美女仍旧不同意，说要赔偿全额，要换一件新的衣服，“2000多块钱，也不是个小数目，人家做个生意也不容易，况且，又不是弄破了或者毁坏了什么的，就是一些油渍，是可以洗干净，也不会留下印记的。”

几个人围在那里，说道了很久，小姑娘知道自己犯错了一直在哭，她的母亲出来把她拉到身边。因为快到晚餐高峰了，等下顾客肯定会特别多，老板希望美女能够退一步，而一些在店的顾客也说算了算了，但美女仍旧不依不饶。

最后经过商量，老板好像赔了一部分钱，美女才拿着包离开了。

看着美女离开的背影，仿佛没有开始那么让我们惊叹了，那修长的身影，披肩的长发，怎么在我们的眼中显得那么做作和不自然。

[4]

美女不美么？不，很美。而事发后再看着那么美丽的容颜，却不由心生厌恶之意。

应该是那完美的躯体下的灵魂有点丑陋吧，最基本的修养都没有，怎么让别人赞美呢？再精美的礼物盒，里面装着令人厌恶的东西，都无法让人为之着迷的。

这让自己不禁想起，每到春暖花开的日子，很多美女都结伴来学校参观游玩，美景美人都让人赏心悦目。可是，总有那么些个美女，为了定格相片的美好，摘下那娇艳的花，摆出最美的POSE，拍出瞬间的动人。

相片确实拍得很好看，花美人甜，足够让人感受到春天的美好，只是，再美的照片也弥补不了你缺失的道德和修养，只活在陌生人眼中的美丽，终究是一场须臾。

[5]

每个姑娘都有一颗爱美的心，无可厚非，你那么努力变好，每天坚持着锻炼，看到想吃的都咬着牙忍住了，每天护理自己的肌肤，打理自己的秀发，这些的种种，不就是想让自己更美么。

只是，当你那么急切地完美自身的形象时，请别忘了那个内在的灵魂，那属于你自己的修养，是绝对不可丢失的，你要知道，再美的花朵没有一个茁壮的根系，都是无法开出最绚烂的花朵。

美丽是可以打造的，但善良、包容、谦让却是修养，需要你时时刻刻地铭记。融在血液里的习惯才能流动终生，好的修养才能伴你活出最美的自己。

有很多明星，在荧幕上光鲜美丽，精致的面容让无数人为之疯狂，可是一旦曝出自身的丑闻，这时便又会涌出无数的黑粉，曾经那么的美好都是泡沫，美丽的容颜终究抵不过真实的丑陋。

我们于周围很多人可能都是陌生人，留下的也不过是一面之缘，所以我们尽量留下最美的自己。但在生活中，四周都是熟悉的人，都是要一起工作和生活的朋友，在他们的眼中，我们的容貌则真的没有那么重要，他们在意更多的是我们这个人，我们的性格，我们的修养，我们的为人处世。

所以啊，姑娘们，有时间请停下来思考下，自己究竟还差点什么，对着镜子看看时，想想究竟自己是否辜负了这动人的美貌。

要记住，变好的过程中别忘了带上你的灵魂。

克制自己的欲望，对自己负责点

人都是有欲望的。而我们在成长的道路上，要学习的就是：克制自己的欲望，用理性战胜感性。

[1]

吃午饭的时候，同事在跟我打闹的过程中，无意间开了一句玩笑话：“你个胖子。”

我知道她是无意的，也知道她是在跟我开玩笑，但是，还是有点受伤，为这句话难过了一下午。

晚上躺在床上的时候，我就在想，我白天为什么为这句话这么生气呢？原本只是一句没什么大碍的玩笑话，我为什么会这么放在心上。

一方面是自尊心在作祟，因为长这么大以来，还是第一次有人称呼我：胖子。另一方面是我在逃避一个事实：我真的胖了。

从毕业到换工作，从新工作到现在，我硬是长了十斤，本来个子就不高，这样一来就显得矮胖矮胖的了。

以前在大学读书的时候，会经常去操场跑步，做第一份工作的时候，也会经常出去散步或者跑步。

而换了工作以后，由于平常比较忙，晚上回来还要做其他工作，运动时间一再被我压缩，后来干脆就不运动了。而白天由于脑力消耗较大，再加上美食本身不可抵挡的诱惑，让我一动筷子就停不下来，非要吃把自己吃撑。

人们常说：吃饭八分饱，爱人爱七分。而我经常就是十二分饱，不运动加上吃饭无节制，导致体重噌噌地往上升。

这个时候，我才明白，人们口中常常所说的克制是有多么不易。要在自己喜欢的事物面前抵制住诱惑，用理性战胜感性，告诉自己要克制，舍弃眼前你心心念念的东西，是一件多么不容易的事情。

而对美食的克制，就是对身材的保持。如果不能合理克制自己对美食的欲望，就要面对日渐发胖的身材呜呼哀哉了。

[2]

刷朋友圈的时候看到一篇文章，从吃饭看一个人的教养。

其中有一点是这样讲的：吃饭的时候，凡是要第一个夹菜，夹最大块排骨的人，八成生活里也是自私的；那些在你吃东西时一定要借着光尝一尝的人，大概生活中也常常占着别人的小便宜；而那些肯为你先盛一碗汤，把鱼肚子最厚实的那块肉夹给你，不铺张不浪费，不过分挑剔食物的人，他们不一定是你最亲近的人，但一定是正直的，善良的，可以值得信赖的人。

这里面虽说的是教养，是一个人在生活中不经意间的细节所表现出来的，但是也从另一方面说明了吃的重要性。

饥肠辘辘的时候，在喜欢的食物面前，每个人都有想将它夹在自己碗里的冲动，都有快点填饱肚子的欲望。

但是有教养的人，会尝试着去克制这种欲望，在吃饭时，能稍微考虑一下他人的立场与意见，能将别人放在心上。

一个人吃饭时对欲望的合理克制，就是对自己教养的体现。

[3]

身边有姑娘看了太多的“毒鸡汤”，坚信：女人一定要对自己好一点，一定要毫无顾忌地购买。不给自己花钱，就是不对自己好。

原本3000薪资的人，分期付款买了一个苹果最新款手机，还想着再用蚂蚁花呗再买几款新上市的衣服和包包。

一看到有好看的衣服和鞋子，就管不住自己的手，只管下单，完全不考虑自己的资金状况和以后的生活情况。

我也认同女人一定要对自己好一点的看法。但是，这并不意味着，你可以用这一点当借口，去掩盖你一直想购买的欲望。而作为一个成年人，考虑的不能只是你当前的欲望，还有你的资金情况，你以后对生活的安排，以及其他可能随时出现的状况等。

因为你一时的冲动，一时对欲望的难以克制，可能导致你以后几个月生活都比较艰难。

而克制为自己的购买欲望，就是对自己的负责。

[4]

人都是有欲望的。而我们在成长的道路上，要学习的就是：克制自己的欲望，用理性战胜感性。

生活中，一旦你无法克制欲望，就极有可能沦为欲望的奴隶，从此，眼里只有欲望而无其他。

而对欲望合理地克制，则会将我们的生活引领到一条更为广阔，更为宽敞的路上，让你有规律，更加良好地生活。

克制对美食的欲望，有助于我们身材的更好保持；克制对狂买的欲望，有助于让后面的生活更加宽裕；克制住对焦急的欲望，有助于提高我们的自身修养。

克制说脏话的欲望，有助于成为一个更加有修养的人；克制住对懒惰的惯性，有利于更有规律的生活。

克制看起来是在控制自己，其实是在给我们创造更大范围的自由。而在养成一个好习惯的初期，虽然比较艰辛，一直在跟自己作斗争，比较辛苦，但是等熬过了这段时间，养成了一个好习惯，一切都会步入正轨。

爱情的真相不是你嫁给谁，而是你是谁

我有个远房表姐，35岁，收入低于当地的平均线，至今单身。头几年，表姐模样还算周正，也有一些追求者，但他们全部因为条件不符而被拒掉，连观察的机会都不给留。至于表姐看上的那些人，则统统看不上表姐。

这些年，表姐老得格外快，最后一次看她时我吓了一跳，她的脸暗沉无光，头发竟有些花白了。这样的她，每天必去的还是几个相亲网站，择偶的标准竟然较五年前没有丝毫降低。

当年由于工作原因参与过几场大型相亲会，每一次现场放眼看去，都是“红肥绿瘦”。主办方在门口对着保安抱怨：“不要再放女士进来了，里面缺男士！”

经常有人不解，现在明明男女比例失调男多女少，为什么大龄剩女比剩男多出这么多？我想答案就是现在女性们往往不愿“将就”。

前几天被一篇叫作《不和穷人谈恋爱？》的文章刷爆了朋友圈，当中一些观点深得相当一部分单身女性认同。不和穷人谈恋爱，就是最重要的“不将就”，那么问题来了：人的欲望永远高于现状，到底什么叫“穷”？

认识一个全职太太，先生是企业高管，每月给她五万家用，太太总是愁眉紧锁，这点钱哪里够花，我都逛不起商场。在她眼里，她老公也是穷人。

所谓的嫁给“穷”人，绝大部分时候都不是那些真的穷到吃糠咽菜的穷人，而是嫁给不能满足自己物质欲望的那个人。

所以你说，要不要嫁给穷人呢？

在《不和穷人谈恋爱？》一文的作者眼中，富的定义就是去私立医院生孩子，让孩子去三万一个月的私立幼儿园。可是如果自己但凡年薪有个五十万，这样的事情，还需要看谁的脸色吗？

什么人会去讨论要不要嫁给“穷人”的问题？

假如：一个有上亿家族产业的“白富美”每天出入都是高端场合，想遇到穷人都比较难吧！退一万步讲，如果这个“白富美”真的爱上了一个穷小子，也不是什么难事儿，招来做上门女婿就好。不过如果场景再极端一点，因为这个穷小子，“白富美”的父亲和她翻脸了，让她在家族产业和穷小子之间二选一，此时我的建议就是除非离开他你就活不下去，否则不要在一起。因为生活环境不同，价值观很可能不同，为了避免太多不同意见。

再来说回到穷人。穷人要不要嫁给穷人呢？我的答案是除非你无所谓单身这件事，不然还是要的，因为你们可能更合适，可以一起努力创造美好生活。

这其实不是什么道德问题，而是个基本的逻辑问题。如果男人穷是因为不求上进，女人穷也一样。有钱男人也不一定在乎女人的出身和财富，可是他们可能会在乎这个女人的颜值和智慧。而你觉得，有了这两样的女人，会穷吗？一个有钱男人对于她们，可以是锦上添花，但一定不是雪中送炭。

如果你恰恰没有这样的能力，自己还是个指望靠一段婚姻就能改变自己的穷人呢，那还嘲笑什么穷人？当你活在穷人堆里时，追你的当然都是穷人。

就拿刚刚结束不久的高考举例子吧，如果你考了七百多分，自然有权利纠结是报清华还是去北大。可是如果你只考了三百分，还高声嚷嚷着我就是不去上技校，那你只能选择复读了。

我们不是唯学历论，单身也并不可耻，每个人都有选择自己人生的权利，如果你绝不“将就”，找不到符合自己标准的伴侣情愿孤独终老并能淡然处之，旁的人绝对无权插嘴。但如果你分分钟都想脱单，每月流连于一场场相亲会，却从来都只把标准定得比自己的水平线高出一大截，那就很难“脱单”。

嫌贫爱富是不明智。适当放宽点要求，不是在给别人机会，而是在给你自己机会。

对于宁死都不会降低要求的女孩，我觉得与其把时间浪费在找“富人”身上，还不如把精力用在拼拼事业。把自己变成“豪门”，也就不必在乎对方是不是“豪门”了。

爱情的真相不是你嫁给谁，而是你是谁。

取悦自己是对这世界最大的尊重

[1]

朋友入职新公司也有几个月了，原本以为经过几个月的朝夕相处，她与新同事的关系早就得到改善。结果昨天一起吃饭的时候才知道，她的日子依旧过得不那么舒服。

很大一部分原因在于，她认为自己已经为了维护和加深同事之间的关系付出了很多努力，也妥协了很多事，但没有收到相应的回应，这让她有种莫名的失落，还有一种更深沉的自卑：是不是我还做得不够好？

细细聊来，我倒是有点吃惊于她的毅力——能如此持之以恒的取悦别人，难说不是一种“能力”。

融入一个新的人际圈子其实应该是件在时间的帮助下水到渠成的事，是急不得也求不得的。但她却选择了最累的一种方法：放弃自己的立场去迎合别人以求尽快建立新的人际关系。

一开始她也提醒自己这应该只是暂时的，绝不是长久之计。但她高估了自己掌握事情的能力——取悦别人其实是有快感的，她陷入这种患得患失的状态中无法自拔。

她开始因为同事的一个小认同欢欣雀跃，即使这认同并非是因为她的工作能力，也许只是她答应帮他加班做未完成的工作。也会因为别人偶尔的夸赞兴奋不已，即使这只是在她牺牲自己的利益后的客套话。

她都没发现，不知从什么时候开始，她逐渐开始依赖认同感才能正常的生活。

[2]

我小时候在家长眼中一直是那种很“懂事”的孩子，为了维护这种“良好形象”，我打小就学会了如何取悦家长。

亲戚的孩子来我家玩，看到喜欢的玩具想要带走，其实都是孩子，那时候的我也很喜欢这些玩具，我还给它们都起了名字。但我通常会装作大方的样子送给那些小孩，因为我这样做了之后，亲戚会夸我懂事大方，父母会在亲戚离开后夸我善解人意。那时候弱小的我对这种夸奖几乎没有抵抗力，即使晚上会躲在被窝大哭一场，也觉着被夸奖要比一个玩具重要多了。

那时候太小，还不懂得人的价值并不仅靠别人的喜欢来获得，这一生路还很长，要是一辈子都想让身边所有人喜欢自己，一辈子被这种空荡荡的夸赞捆绑的人生得有多糟糕。

而随着年龄逐渐长大，我愈发强烈地感受到在中国这样的人情社会里，做一个“懂事”的后辈要付出的代价有多可怕。

高中时常常给杂志写一些稿件，做自己喜欢的事给自己带来的快乐是难以名状的。但很快的，我耗费在写作上的时间开始让父母感到不安，他们不能理解写作也是一种职业和技能，他们告诉我只有好好学习考上大学才算有出息。

这一次我没有再妥协，我有些强硬地拒绝了父母和众多长辈冠以“过来人”名义的经验之谈，变成了他们心中那个不再懂事不再听话的叛逆孩子。

我突然发现，摆脱了别人评价的束缚地感觉实在是爽翻天。我不用再为了“认同感”做我一点都不喜欢的事，我靠自己的作品和能力获得欣赏，而不是做迎合别人委屈自己的事。

从取悦自己开始，我变得更强大。

[3]

读书的时候有过一个很特立独行的舍友，在宿舍属于奇葩一般的存在。

他好像从来不太在意别人的意见，但又不是刚愎自用，也不是高贵冷艳，就是会单纯友好的拒绝一些意见而已。

可是在那样一群普遍内心还没有成长到靠自己的学生之间，会拒绝就已经是一件了不起的事。

同寝室四个人，他的生活最规律，按时上课，按时休息，时常健身，从不参加社团和学生会之类的活动。在我们都挣扎在社团活动中常常通宵的时候，他早早就准备好了考研，也早早开始了对口专业的实习。

大家对他的态度褒贬不一，不外乎是“羡慕他的自在”和“笑话他的死板”，更有甚者“嘲讽他的自大”。

可是当大学即将毕业的时候，那些纠结在社团活动和人脉交际中的人慌慌张张的开始找工作找实习，为了给自己空空如也的简历加上一些拿得出手的东西，他们又怕又忙，狼狈的厉害。

而奇葩室友却依旧按部就班地生活。直到毕业我们才知道，他早早就凭借优异的专业成绩和实习经历找到好几个工作，他要做的选择只是继续读研或者走向社会。而曾经笑话他的那些在学生会呼风唤雨的人，如今连选择的权利都没有，灰溜溜的不知道最后凑合了什么工作。

其实彼时习惯了取悦别人的我，发自内心地对他有一种崇拜，但他并不领情。我一度以为我是被他不喜欢的，还因此懊丧了很久，结果发现根本不是，他压根就是不在乎所有人对他的看法，他自己有强大的内心足以撑得起生活。

[4]

对自己的能力一再否认，对自己的态度一再忽视，对自己的爱好一再打压，只是为了让别人更喜欢你，这代表你的价值太过于依赖别人的评价，基于别人对你的喜欢和好感的人生实在是虚的厉害。

对别人的一味谄媚与讨好说明你自卑，你以为“乐于助人”是美德，但其实这会让你逐渐丧失自己的价值，更会给自己贴上“没能力”“没思想”之类的标签，在职场上这可是大忌。

你要明白，你不是靠别人的认同感活着的，这世上多的是不喜欢你的人，但反过来想想，也多的是喜欢你的人。

人海茫茫，你我有缘遇上，若能互相理解成为朋友是一件幸事，但若是缘尽于此互不喜欢，那便大路朝天各走一边的好。

你不需要那么多的朋友，也不需要被那么多人喜欢，比起取悦别人，不如取悦自己来的快活自在。

让自己变得更强，就是最好的取悦于人。

能取悦自己，才是对这世界最大的尊重啊。

请允许我是个内向患者

所有内向的人，从小到大应该都受到过内向的困扰，身边总会出现一个比你开朗活泼，比你讨大人欢心的小孩，他或许是你的朋友，也许是你的兄妹。总之，你一直处在与他的对比中，且始终处于下风。你不能理解的是，为什么他们能够如此自然而然地叫着叔叔阿姨好，上课的时候总爱举手回答问题或者问老师问题，身边总是围着很多朋友很热闹，喜欢跟着父母参加聚会聚餐，他们不累吗？不觉得难受吗？

对于你来说，一个人待在房间里看鬼片比出去和一大群半熟人聚餐更舒服，宁愿一个人在家里吃泡面也不愿参加父母的聚会僵着一张笑脸叫着叔叔阿姨，和不太熟悉的人在一起没有话说时感觉世界糟透了"尴尬癌"发作……

你当然知道开朗活泼些会更讨人喜欢，于是你尝试过改变，模仿那些天生外向自来熟的人，但总是达不到想要的效果，就像是扮演了一个和自己截然相反的角色，每天筋疲力尽，觉得挫败又委屈。于是你放弃了，不，只是暂时地放弃了这个尝试，因为过不了多久，你又会开始羡慕身边那些朋友遍地走到哪儿都有人招呼的朋友，于是你又不死心地想要再试一试……

这个循环会持续很长一段时间，有的人或许真的变成了看起来外向的人，但是每参加一次聚会就会觉得很疲惫；有的人最终认命地发现自己就是内向的人，于是放弃尝试，但是始终对自己内向的性格感到不满意。

对，这就是内向患者自我挣扎过程的缩影。今天，想和你们谈谈关于内向这种性格。

很多人对内向的人有个误区，包括我们内向患者自己。内向和外向的区别，不是一个看起来沉默寡言，一个看起来活泼开朗，这只是表面特征，而这些特征是能够后期改变的。事实上，很多出色的演讲家也是内向的人，但是经过后期刻意的训练，最终能够在一大堆人面前侃侃而谈。因此外表活泼开朗的人未必就是外向的人，也可能是伪装外向的内向者。

[1]

内向与外向真正的区别是：能量来源不同。内向的人通过独处获得能量，就像是给手机充电一样。而社交是一件消耗精力的事情，每一次社交性质的活动之后，内向的人会觉得很疲惫，需要一个人独处来恢复精力。而在人群中，内向的人会时常觉得自己是一个局外人，在所有人都玩嗨了的时刻，始终无法融入。而外向的人通过社交来获得能量，他们喜欢社交，通过和各种不同的人打交道来获得能量，相反的是，他们讨厌一个人独处，希望身边有人陪伴，因此总会找各种朋友一起出去逛街、聊天、聚会，只有这样，他们才会觉得充实。

[2]

内向和外向的人的区别还在于，他们的关注焦点不同。外向的人喜欢向外探索世界，因此他们喜欢社交，喜欢和人打交道，对他人和外面的世界富有旺盛的好奇心和兴趣。而内向的人则是向内探知内心世界，把更多的焦点放在对自我内心的发现上，与其说内向的人不愿意和别人打交道，不如说他们很少对他人产生兴趣，因为缺乏兴趣，所以“懒得理你”。

[3]

相较于外向的人，内向的人更擅长深度交流，发展更深的关系。

虽然那些外向的人有很多朋友，但是大多的可能都是泛泛之交。对于外向的人而言，朋友有很多种，认识的朋友，普通朋友，好朋友，和死党。而对于内向的人来说，只有两种人，一种是好朋友，一种是陌生人，没有中间的关系。一旦内向者和人交往后发现对方和自己不适合，便会果断放弃这段关系，懒得维系，对于内向者来说，没有普通朋友，他们也不屑于泛泛之交。

内向者不喜欢和人停留在表面的寒暄，他们喜欢和人探讨更深层次的东西。他们似乎拥有一种天赋，当你与他们交谈的时候，总是会不自觉地把自己真实的想法说出来。内向者善于倾听，因此能够让你放下防备，一旦你和他们深度交流过后，便会增加对他们的好感，并发展更密切的关系。

[4]

内向者喜欢独处，因此他们更有时间去学习新技能提升自己。

内向者享受一个人的感觉，喜欢安静的状态，通常他们会选择看书、看电影、画画、弹琴、写作等活动来充实自己，相比于大部分时间用于社交的外向者，内向者有更多的时间精力来用于自我提升。

[5]

内向者更忠实内心的想法。

因为外向者的关注焦点在外界，因此他们比较介意别人的看法，以外界的反应来审视并调整自己的言行，会为了获得别人的喜欢而做出相应的举动，在这个过程中内心真实的想法便会被掩埋和扭曲。而内向者的关注焦点在自己的内心，因此不大在乎别人的看法，他们关心的是内心的风吹草动，愿意付出努力去达成内心的想法和愿望。

今天想到写内向患者，是因为我也是一名内向者，也经历过讨厌自己的性格并想要改变的漫长的阶段。直到当我意识到原来作为一名内向者拥有外向者不拥有的天赋和优势时，才终于深刻了解自己的性格，不强迫扭曲它，顺应它，并享受内向所带来的机会和成就。

你是一名内向患者吗？恭喜你。

内向本身就是一种幸运，何必要去改变？

底蕴的厚度
决定你人生的高度

别那么悲愤，

这个世界真的不欠任何人。

每个成就居于你之上的人，

都有比你更惨淡的付出。

别那么快就否定了自己

“差劲让人痛苦，比起差劲更让人痛苦的是对自己差劲的排斥。”

[1]

你有没有这样的经验：

经常觉得累，觉得压力大，其实也没干什么。

经常觉得活着没意思，不知道自己到底想要什么。

有时候清楚了自己要什么，有了努力方向，还没干什么呢，就累了。

然后打了鸡血，但坚持不了多久，不一会儿鸡血就干了。

这实际上是因为你内耗了。人的精力是有限的，当你内耗过多的时候，你外在能投入生产的自然就少了。这时候你想想外面的事，什么都还没干，一想，就已经累了。

[2]

内耗的很大原因来自于你内心的要强，想要变得优秀。你想要的优秀很多。我大致给你列举下，会有这些：

你想要好的成绩。虽然你想要的不是大富大贵，但是你总容易对自己外在不满意，希望自己做事情做得更好，有更多的成绩，有好的品位、长相、知识……

你总是对自己的习惯不满意，想要好的习惯。希望自己能够坚持健身、节食、规律睡眠、做事有始有终、有执行力、有时间规划……

你总是对自己的性格不满意，希望自己是个勇敢、坚强、乐观、勤劳、充实、果断……的人。

有时候你会看到别人拥有一些美好事物的时候，默默羡慕，寻思着我也想有这些。有时候你会看到自己不够好的时候，感到丝丝心凉，想努力改变自己。更多的时候，你都在跟自己默默较劲：我要变得优秀起来。

也许你没有刻意罗列过你到底想要哪些优秀。但是这种默默较劲的感觉，我想你一定不陌生。

你想要的优秀很多。你的应对方式通常是粗爆式地鼓励自己，要求自己，鞭策自己，骂自己。不停地给自己偷偷设定目标，方方面面。结果越来越累。最终就是你马不停蹄地在改变，努力，即使你的身体没有在努力，但是你的心却没有一刻放弃努力。于是就内耗了。

你想要做的越多，目标越是庞大，渺小感越是强烈，无力感越是强烈。

[3] 别那么快就否定了自己

在现实生活中，你追求更好更优秀、想有某些好的特质是没有问题的，但是如果你不顾自身条件一定要追求，就有问题了。

首先对自己伤害是巨大的。

尽管你在努力追求优秀，但不可否认的是，糟糕也一定会发生。因为没人可以做到事事、时时优秀。何况不一定发生了糟糕，只要你的标准和参照物有问题，你就很容易体验到糟糕。

每当你体验到糟糕，你会怎么对待自己呢？即每当你体验到差劲、懒惰、懦弱、拖延、虚度了时间、做错了事、早睡失败等时候，你怎么对待自己呢？

通常时候，会告诉自己这是不好的，不对的。你就开始讨厌自己，嫌弃自己，骂自己，恨不得扔掉自己，杀死自己。这时候你便是活在幻想里：要是我能够实现另外一个理想的自己，该有多好啊。

“一定要优秀”的心越强，你会越排斥，越体会到不优秀的自己。

心里想着坚强、勤奋和果断，此刻身体却在懦弱和拖延。

你越是讨厌糟糕的自己，你就越需要花精力来排斥自己，你就越来越累。做起事来就越来越力不从心，就会做的更差。然后更排斥自己，如此这样恶性循环。

拼命排斥，却摆脱不了。你体内就有两种声音在抵抗：一个强调我就是发生了。一个强调不许发生啊。世界上最艰难的战斗也莫过如此。

这就是内耗。内耗让你精疲力竭，让你的生活越来越不快乐。

人最大的内耗就是对自己的排斥。差劲让人痛苦，比起差劲更让人痛苦的是对自己差劲的排斥。

鉴于你的某些心理问题，其实你体验到糟糕的概率大和时间长，远远多于对优秀的体验。所以多数时候你的潜意识里都在完成着自我排斥而内耗着。

代价的第二个方面就是对他人伤害也很大。你越是内耗，你心情越容易糟糕，情绪越容易低，对别人的宽容度就越低，对别人的要求就会越高，这时候你也看不到别人的承受能力，只知道一味地去要求。但是别人不是你啊，不像你这么能强迫自己，慢慢就不想跟你一起玩耍了，然后你就伤害关系，失去他了。

你对别人要求高，是因为自己做不到。

[4]

有人说，那难道就不追求了吗？难道追求优秀、负责任、充实、勤劳、坚强这些都是错的吗？

不是的。追求优秀成绩、好的习惯和好的品质是很好的。让人痛苦的不是追求本身，而是对追求的一味执着。如果你的追求超出了能力、不符合情境，你的挫败是必然的。

当没有体验到优秀的时候，你怎样对待自己就很重要了。你能允许自己有时候就是不好吗？你能允许自己有时候表现差吗？你能允许自己有时候不完美吗？你如果说，能啊，那，这次能允许吗？

健康的状态是：优秀的时候享受，糟糕的时候接受。有精力的时候努力，没精力的时候休息。接受好和不好交替存在，才是一个常态。更多时候，它是不受你控制的，不经意间不好就发生了。如果一定会发生，为什么不是这次呢？

想好是可以的，可是不好了也别难为自己。好了更好，不好也没关系，也是可以的。你在意优秀很好，但是你别讨厌差劲啊。

当你允许的时候，你就不再排斥自己了，不再跟自己较劲了。内耗降低，对外的精力就最大化了，反而是越做越好的。

这就像是打麻将：赢了当然更好，不赢也是可以的啊，这时候你就发现其实是更能发挥好的。因为你的精力投给了外在的战斗，而不是给“我一定要赢”的想法消耗掉了。轻松快乐打麻将，反而会比“每局都一定要赢”的心打得好。

如果真的某局输了。反思下就好了，别太折磨自己了。毕竟人不能每局都赢。

再举例说。明明该学习了，却控制不了打游戏，人接纳的自制力就是有限的。打了游戏了，安心打就好了，别自责了。自责完了一会儿学习效率更低。

明明该减肥，却还是放任地吃。吃了你就安心吃呗，下次再注意。自控力强固然是好，但是没有人能一直都自控成功的。自责完了，就没有精力留给自控力了，就更没有力气和信心减肥了。所以别要求自己时时、事事都能强迫自己。

这就像是哪天突然磕着了受伤了，你还要骂自己不该受伤吗？伤着了就是伤着了啊。但是如果你有一个“磕着自己就代表了愚蠢”的信念的时候，你就开始骂自己愚蠢了。

人生如此多艰，糟糕在所难免。别人还没来拆，别自己先拆起来了。受伤了，自己还得撒把盐，嫌弃自己一顿。何必呢？原谅自己这次就是糟糕就好了。

糟糕后，还嫌弃自己。就是内耗。糟糕后，原谅自己并安慰自己，就是积攒能量了。

[5]

如果你可以接纳自己，不再排斥自己。那恭喜你，这时候你终于可以看自己一眼了。你开始活在自我里，跟自己待着了。内耗就拿掉了。

你依然可以追求优秀。只是当体验到不优秀的时候别再排斥自己。你可以和你的糟糕在一起，然后努力。并非先花时间去骂它排斥它。

不再大量内耗的时候，你的优秀就会自然发生。

轻而易举的优秀，是轻松快乐的优秀。可是文化和童年都给了你一种艰难的旅途——要优秀，就要苦大仇深。不相信优秀也可以轻松快乐。

当你愿意活在自我里，跟自己待着的时候，自我反思才可能开始，成长也才可能开始。你会发现为什么你这么排斥糟糕的自己。这个我们以后再谈。

你拥有的越多 反而计较得越少

[1]

几年前，我在一家电器公司上班，和许多刚入职场的人一样，对工作充满热情，出差加班从不抱怨。

有一次，总公司的陆经理来探亲，恰好有个外商也要来。主管问我和同事小何：“你们俩看看，谁陪陆总，谁接待外商？”我还没来得及表态，小何就抢先说：“我英语不好，还是我来陪陆总吧。”主管暧昧地笑了笑。后来我才知道，小何毕业于外国语学院。

谁都清楚，和总公司的经理混个脸熟，多多少少都是有好处的。可我是个新人，没什么能争的。于是，我去机场接了外商，又用蹩脚的英语陪老外东走西逛了两天。窝火的是，那个老外还比较挑剔。尽管满腹牢骚，可事情就这样过去了。

大约三个月以后，那个外商又来了，指名道姓要我陪，还帮我拉了一个大单，陆陆续续又给我介绍了很多客户。正是凭借这些业绩，年底考核时，我顺利升为组长，而小何却辞了职，据说对我“独吞老外”这事，颇有微词。

幼年时，父亲教我，吃亏是福；入学后，师长也教我，吃苦是乐。当时年少，并不是很能通透理解。直到自己走进社会，才真正理解，福缘皆有因，你付出什么，世界就回馈给你什么。

[2]

常听人说，这一路走来，幸有贵人相助，感恩戴德。我们也都希望自己的生命中能出现贵人，来帮助自己渡劫平难。那贵人从哪里来？

大多都看似偶然出现，在你走投无路、遭遇困境时从天而降，给你支持或指明方向。这一切都和你日常的行为积累有关。

在某份报纸上看到，一个富翁无儿无女，准备在员工里挑选一个接班人。他观察许久，也没有合适人选。后来发现一个年轻人总是提前下车，特意到一个残疾人开的包子铺买上几个包子，然后再走上两站地去公司上班。富翁经过长时间考察，三年后，买包子的年轻人成了公司副总。你能说，这是运气吗？

在我们身边有太多“精明”的人：挤公交车一直坐后面，因为前排要让座；朋友聚会，买单的时候恰巧去洗手间；甚至连打电话，都是晃一下对方，然后等对方回过来，你是长途，难道对方是市话吗？

有的人以为别人都傻，实际上真正有涵养的人，不会跟你较一日之短长。但在关键时刻，他们可能会给你投上反对票。这也许就是你遇不到贵人的原因。试想，谁愿意把机会给一个心胸狭隘、锱铢必较的人呢？

[3]

人生是一场漫长的修行，你的任何行为都可能在你未来的人生中产生效应。都说大智若愚，有些人看上去“傻傻”的，苦的累的抢着去干，但傻人总是有些傻福，所以“精明”的人通常都不会理解，便把对方的成就总结为运气好。

我有两个都在大城市打拼的好朋友，商量着一起回老家做同一个项目。其中一个想：既然这样，不妨让他先干着试试，好了我再动手，不好我就绕开。结果，等对方做起来以后，他再想参与已经晚了。

我不知道什么叫作智者，但我知道，一个真正聪明的人，不会总在别人身上谋算得失，他们无一不是先做好自己。

《塞翁失马》是我很喜欢的典故。我深信，一个人失去的东西、吃过的亏，都会在其他方面得到更多补偿。而那些只想在一顿饭、一张车票上占些蝇头小利的人，也将在其他方面吃大亏。

一个人的快乐，不在于拥有得多，而是计较得少。你有便宜可占，就要有人吃亏。心胸宽阔一点，名利淡泊一些，少一分物欲，就多一分静心，少一分算计，就多一分功德。

祝你活得开心快乐，不再患得患失。

不要在岁月的长河中把自己给丢了

近日，与一位年长我十余岁的姐姐相邀聚会。我们曾经在一个城市，关系亲密，后来我从南方来到北京，便极少见面，只是在电话里、在网络上，互致问候。分开的这些年，听闻她遭遇丈夫外遇而离婚、争孩子、争财产，各种不好的消息；听闻她患疾病卧床半年，但她从来不愿意对我讲起。几次致电，她只字不提，我也不便过多询问。

心有惴惴，害怕看见她那张美丽的脸被怨恨扭曲，害怕看见曾经那么充满活力和阳光的生命被生活侵蚀的满目疮痍。

但当我见到她的那一眼，内心的担忧和阴霾一扫而空。45岁的她，妆容精致，眼神清澈，体态轻盈，着一身白色便装，随意的披散着头发，于他现在的男朋友挽手而来，笑语盈盈，眉目传情。

这样美好的恋爱场景，似乎只能发生在20几岁的小姑娘身上，她们未经世事，所以她们美好如花，澄净如水。

但是现在，她是一个遭遇丈夫抛弃，离异的女人，她曾在仇恨与痛苦中挣扎，她从最黑暗的地带穿越而来。我们都以为她会凋谢了吧，她会沉没了吧，然而，她从地狱走来，依然盛开成一朵明艳的花。

有文说，心若不死，烈火烧过青草地，看看又是一年春风。对极，美极！但有一个至关重要的因素是，当春风再来的时候，你扬起的，是怎样的一张面孔。

试想一下，此时的她，如果身体发福，如果面容衰老，目光浑浊，恐怕也没办法与身边的人形成这样一道美丽的风景。这些都不是最重要的，最重要的是，如果她有一个饱经风霜后疲惫不堪的灵魂，或者有一个经历俗世风云，变得面目可憎的扭曲人格，就算她保养的再好，身姿苗条，美若天仙，她也享受不到等到风景都看透，一起看溪水长流的美好。

就这样，一个45岁的女人，经历了人生那么多起起伏伏，风霜雪雨，却再一次，如少女般恋爱了。然而生活中，别说45岁，就连很多35岁的女人，都已经面似中年，心如老妪。生活的琐事，耗光了她们的耐心；人生的无奈剥夺了她们的笑容；曾经温柔恬静的小女孩，变成对内焦虑对外暴躁的妇人；曾经宽和善良的女人变得尖酸刻薄、狭隘自私。

我经常在公众场合看到一些年轻的妈妈用训斥的口气对孩子说话。明明是一件简单的事情，比如让孩子过来，或者让孩子不要爬高，但她的语气里充满了极大的不耐烦，再看看她的面孔，面色如蜡，目光如灰；还见过一个女人，当着孩子的面，训斥自己的母亲，就是很简单的喂饭的时候忘了系上围脖，她就在餐厅里不管不顾地训斥了足足十分钟，一般有教养的人，对待保姆都不会这样；还有一些女人，对老公横挑鼻子竖挑眼，左看右看都嫌烦。多少年生活中的种种不如意，各种各样的艰辛磨难，不仅带走了她们的青春年华，也耗尽了她们身上那些美好的东西，她们的身上存储着巨大的负能量，这种负能量辐射到她们身边的每一个人身上，尤其是孩子。

有一部电影，说一个小孩有特异功能，可以看到别人身上的光环。在他小的时候，他的妈妈身上是有光环的，可是等他慢慢长大了，他妈妈身上的光环就没有了，随之出现的画面，就是在一个胡同的平房里，他妈妈围着围裙，对着正吃饭的他唠叨：为了你上学，家里花了那么多钱，我为了你，辛苦了一辈子，你还不好好学习，你对的起谁；而这个小孩的爷爷，虽然已过古稀，但精神矍铄，豁达开朗，他的光环始终都在。

电影没有解释，但我觉得，这个光环，应该就是对生活的热情。岁月可以带走我们的青春，皱纹可以爬上我们的脸庞，但带不走的，是我们对生活的热爱，对明天的期待，日子除了柴米油盐，还有诗意的存在。

也有一些女子，她们把生活的磨砺沉淀成人生智慧，她们面容柔和，目光纯净，她们也经历过伤害但对人性依然信任，他们也经历过苦痛，但对生活依然热情。她们在职场努力工作，也会把生活经营得繁花似锦；她们还可以对陌生人报以善意微笑；她们待人接物心平气和，哪怕对自己最亲近的人，也不会如倒垃圾般口无遮拦；她们与孩子平等交流；与爱人恬静相守。

她们就是这样一种美好的存在。这种美好，无关乎年龄。

多读书，腹有诗书气自华。

从书中我们得到的不仅仅是知识，更多的是体验了我们之外的人生，开阔了视野，丰富了经历，从而对世界有更多的见识，而不只是盯着自己的一亩三分地，盘算着身边的是非纷扰。

有一个爱好。

在工作与日常生活之外，为自己留一个甜蜜的空间，或插花，或茶艺，享受一份遗世独立的美好。

保持一颗童心，对新鲜事物保持好奇。

对于有孩子的妈妈来说，孩子就是你最好的老师，当孩子指着这个那个对你惊叫的时候，别只会说，快走快走，这有什么好看的。蹲下来，用他的视角，去看一个不一样的世界。

宽容淡定。

人生过了几十年，会明白，没有什么是非要不可，也没有什么是非怎样不可。世界上的事情，都有他发展的规律，我们能决定的，微乎其微。兢兢业业工作，认真负责地对待家庭，尽自己最大的能力和爱养育孩子，但对于结果，不要太过苛求。玉米的种子，永远也结不出南瓜，只要我们尽力了，剩下的，交给命运。

爱自己，对自己好一点。

无论家庭需要你怎么样的付出，都记得适时地犒赏自己一下。我记得一篇文章里，写到一个全职的妈妈，孩子刚出生，非常辛苦，她每天一定要去楼下的咖啡厅坐一个小时，吃个甜点，读一读书，享受一下。孩子不会因为这一个小时妈妈没有带他就失去什么，但她却在这一个小时里面，放松自己，调整自己，然后回家继续面对哇哇啼哭的婴儿，夜半哺乳的艰辛。

人，生而美好，无论年届花甲，抑或二八芳龄，心中皆有生命之欢乐，奇迹之诱惑，孩童般天真久盛不衰。我们要做的，就是不要在岁月的长河中，把她丢掉。

兀自成长和成功

[1]

夏天，我见一个孩子指着树上的叶子，问身边的母亲：“妈妈，这是什么树叶呢？”

“枫叶。”母亲说。

“枫叶不是红的吗，怎么会是绿的呢？”

“现在还是夏天，等到了秋天，枫叶就红了。”

“红起来的枫叶，真漂亮！妈妈，枫叶是秋天让它红起来的吗？”

“很多树的树叶，即使到了秋天，也不会红起来。让枫叶红起来的，是枫叶自己，秋天只是给了它一个红起来的机会。”母亲说，“孩子，如果自己不红起来，就是再有机会，给再多的秋天，也红不起来。”

听了这对母子的对话，我开始敬佩起这位母亲来。

[2]

春天，我见一根折断的花枝被人扔在路旁，那枝头上的花还未开放，正含着苞儿，像是一粒粒闪亮的星星。我见它扔了可惜，便把它捡回家，随手插进花瓶里。可过了两天，想不到那枝头上的花苞全都开了，开成一朵朵鲜红的花。这断了的花枝，与树隔离，与泥土隔离，断绝了水分和养料，为什么还能独自开放呢?

带着这个问题，我请教了一位专家。专家说，它是依靠自己开放的，依靠自己储存在枝头的水分和养料开放的。

一个人身陷绝境、孤立无援时，也可以依靠一种力量，让生命之花开放，让生命吐露芬芳，这种力量，就深藏在每一个人生命的深处。

[3]

小时候，总以为被子是暖的。直到有一天，父亲对我说，被子本身并没有暖，也不能产生热量。

那为什么在冬天，我们盖上被子，身体就不冷了呢？我问。而父亲说，盖上被子，我们之所以感到暖，那暖不是被子给的，而是我们自身的暖，是我们的身体产生的暖，被子只不过阻隔了外面的寒冷保住了我们的温暖。

我们总错误地认为，一切温暖都来自于我们的体外，比如太阳，比如火炉，殊不知，我们的心就是一颗太阳、一只火炉。

有一种温暖来自于自身，有一种温暖滋生于内心，当我们处于寒冷、孤独、寂寞的时候，我们完全可以自己温暖自己。

[4]

我家的房前有一棵柿子树。一年，柿子还没有熟，父亲就把树上的柿子采摘下来。“柿子还是青的，并没有熟，为什么就把它们采下来呢？”我不解地问父亲。

“柿子自己会熟的。”父亲似乎很有把握地说。

“柿子采下来后，断掉了树给它们提供的养料，没有养料，它怎么长熟呢？”我说。“等些天你就知道了。”父亲说。

父亲把采来的柿子放在家里的地板上。十多天后，搁在地板上的青柿子，慢慢变红了，用手捏一捏，过去硬硬的柿子，开始变得软软的，我从中挑了一个，一吃，特别甜。咦，这些柿子是怎么熟的呢？

“是它自己熟的。”父亲说，“柿子从树上采下来，虽然断了树给它们提供的养料，但每一个柿子的体内都储存着养料，当外界的养料隔绝后，它们就自己给自己提供养料，自己供养自己，自己让自己走向成熟。有时，人也一样，要依靠自己，让自己成长和成熟的。”

你需要客观一点去看待问题

一个女孩，从小没有得到父母足够的关爱与信任，而且对她要求很高，经常使用“不要你”“不管你”等语言对她的“不良行为”进行矫正，她从小就觉得自己不配被人喜欢。

后来发觉，她对自己非常刻薄，经常自责自咎。

她的初恋因为她的过分依赖、讨好，最后她被“始乱终弃”，她陷入了巨大的不安与恐惧之中，她认为这“验证”了她不配被爱的“事实”。

后来她经人介绍成婚，她对丈夫时而言听计从，时而暴躁如雷。她害怕被抛弃，所以需要控制，她害怕被讨厌，所以需要依赖。

这种控制与依赖将她的丈夫推向了另一个女人的怀抱，一切再次如她所担心的那样，她再次被“遗弃”，儿时恐惧涌上心头，她退缩到一个角落，对自己，对人生进行了完全地、彻底地否定，不敢再去相信所有关于爱情的一切。

依我看来，她的这个情况最显著的表现是“搞不清楚状况”，不能真实、客观、多角度、完整地去对待一段关系。

认定自己不配被爱之后，她的一切思想、行为都从她的“自以为是”出发。

她被欲望、恐惧裹挟，活在某种观念之中，事前先下定论（我不值得被爱），活得战战兢兢、患得患失，往往最终事情走向和她所担忧的一样，结局常常应验她的观点。

“再也不敢相信爱情”，“没有人会真的对你好”，“人与人之间只有利益的关系”，“最凉不过人心”……

这些不客观的观念让她作茧自缚，众所周知，一旦升起薄凉之心，再想从人与人之间的关系中得到疗愈，就很难了。

但是人并不能离开关系而存在，在关系中得到理解、陪伴，能让人感到温暖与满足，作为一个想爱而不敢爱的人，这种“爱不得”会让人陷入内心的激烈冲突中，感到万分痛苦、无比焦虑。

而一旦她鼓起勇气去爱，这些挥之不去的观念又会让她丧失客观立场，所以，我们可以发现，对于爱情，她会用婚姻的视角与方式束缚它的欢愉，对于婚姻，她会用恋爱的情绪与感受冲击它的责任。

也就是说，在恋爱中，她会过度要求责任、承诺，更大的控制欲、占有欲，反复确认对方的爱与真心，她几乎不能享受爱情带来的激情与欢愉，迷醉与幸福。

在婚姻中，她又不能进入角色，不能独立去面对自己的问题，也无法真正建立起亲密关系，做到相互信任，彼此陪伴，去履行承诺与责任。

她在婚姻中疑神疑鬼，担惊受怕，同时又会期待爱情的激烈情感与相互迷恋，所以她会质疑对方，感觉自己不再被爱。

对人对事，她是很“混乱”的，显得有些“不在状态”。

对于对方，要么格外讨好，要么分外执拗。

格外讨好企图通过依赖进行控制，维系她的安全；分外执拗企图通过恐惧进行控制，她或超越边界，或无理取闹，尝试通过不断地挑战对方的底线来确认自己正在被爱。

她常常说的话：“你说什么都对”，“只要你不离开，我什么都愿意”，以及“我不管，你要放下所有过来陪我，只有这样才是爱我。”

事实真的是这样吗？她的眼里，很多让人不可理喻的事显得如此理所应当。

而在她的婚姻出现问题之后，她的处理同样如此，谈法律分财产，她大吵大闹，怒斥对方无情无义，抛妻弃子，闹得世人皆知，搞得对方下不来台；谈道德讲责任，他又陷入情绪之中，蛮不讲理，胡搅蛮缠，说的话，做的事，都在把事情往她最不希望的方向推；而当对方产生情绪，怒不可遏，她又陷入了所谓的“理性”中，不倾听，不理解，变得冷漠无情；而当对方冷眼相对，她又变得温情脉脉，试图找回彼此失去的爱……

于是，这种节奏完全不对的沟通通常以失败告终。这种“搞不清楚状况”——该谈法律的时候讲道德，该讲道德的时候有情绪，情绪来了又谈理性，理性出现又想要爱，而爱早已经无影无踪的状况下，最后验证“我并不配被爱，多努力也没用！”

然而，她的每个阶段都在破坏关系。

所以，她最大的问题是：无法客观地看待周遭的处境，不理性地对待当下的感受，秉持偏见；全或无，非黑即白。

如果想要拥有一段好的亲密关系，最重要的就是去学会客观地评价处境，真诚地面对内心，能够理解对方、表达自己，这是一种很重要的能力。

她要去学习与领悟如何客观地认识和评价儿时的经历，准确区分哪些需要改变，哪些应该接纳，避免出现偏见，发生误解，重建认知模式，让自己得以活在每一个当下，学会觉察情绪与幻象，客观与事实之间的关系。

这样的话，她就可以学会嗅到某些关系里糟糕的味道，阴谋算计也好，薄情寡义也罢，她几乎不会再去触碰那些过度依赖，妄图占有控制他人，活在自己的世界里的人，当然，她自己也不再会是那样的人。

哪怕一时掉入一段糟糕的关系中，她也会及早抽身，哪怕未能及早抽身，最后无法全身而退导致一身伤痕，她也能成为恢复与成长得较快的那个。

因为她能够客观地去评价一段关系中的得失，对错，因缘，无常，不自责，不怨恨，能够放下一段往事，同时能对未来抱有希望。

如果想培养这种客观性的话，需要一个人不断地自省、学习，总结，实践……良好的心态并不易得，观念的改变并不轻松，很多时候，甚至会在我们经历了一些不得不经历的磨难之后，让人在苦难中得到成长，但是需要注意，苦难本身不会让人成长，需要的是思考、领悟，“潜心修行”。

巴拉塞尔士说：“一无所知的人什么都不爱，一无所能的人什么都不懂，什么都不懂的人是毫无价值的，但是懂得很多的人，却能爱，有见识，有眼光……对一件事了解得越深，爱的程度也越深，如果有人以为，所有的水果都同草莓一起成熟，那他对葡萄就一无所知。”

他所说的，就是那些懂得如何客观面对自己的人。

选择和优秀的人去相处

和优秀的人相处，给我最大的感受就是自己也会慢慢变优秀。大三那年我们班从生物系转来一个男生，穿的白衬衣浅牛仔裤，一笑两个酒窝，酷似张智霖。后来分到我们隔壁寝室，他去之前隔壁寝室就是个“生化炸弹研究室”，总有臭袜子等各种气味。

他去之后当天晚上花了三个小时把寝室收拾的焕然一新，地板可以反光，桌椅整整齐齐，他们寝室的人从外面回来进门后连忙说：“不好意思走错门了。”出门后看看门牌又揉揉眼睛。

然后他隔两天就拿拖把把寝室拖的干干净净，也没什么怨言，弄得他们寝室的人都不好意思，但是他并非是基佬式的洁癖，他只是需要一个干净的环境而已。

他每天早上七点钟左右起床，然后去操场跑步，跑个三五圈后回寝室换衣服，再吃早饭，一整天都精精神神的，我从未看到他表现出疲态。

他跟每个人说话都很和气，脸上带着微笑，有人找他帮忙他都会热心地帮别人解决问题，刚来我们班半个月选班长的时候就以近全票的人气获得职位。

篮球赛的时候他身先士卒，又打比赛又当教练布置战术，拿了全校第二，第一是体育系，毕竟我们体能跟不上，打完那一天他请所有队员吃了顿饭，说感谢大家的拼搏成功失败皆骄傲，大家都很感动。

他很慷慨，只要同学在超市碰到他，他都会请人喝点饮料吃点东西，弄得我们都挺不好意思的，一看到他都按住他的手说："班长我请你喝可乐，给次机会。"

他不喜欢玩游戏，喜欢去图书馆看书，一待就是一上午，谈吐很风趣，和他交流如沐春风，我们班主任有事没事就爱叫他去办公室聊天。

读到现在你是不是觉得他是穷家小户杀出来的？

并不是，他爸爸有自己的公司，他妈妈是武汉某医院的主任，家里资产保守估计八位数，他完全可以像富二代一样生活，但是他没有，他用虔诚的态度对待生活，对人生的每一刻都如最后一刻一样珍惜。

而更让人诧异的是，他们那个寝室的六个人，一毕业在大家还在摸爬滚打的时候就全部成了白领，在各自的公司混的如鱼得水。

优秀的人就像一团光芒，和他们待久了，也就再也不想走回黑暗了！

多些包容和担当

小区新开了一家超市，是两个刚毕业的大学生自己创业。开业当天，我去买菜。人太多，两个人根本忙不过来，出了不少错。

我买了两根黄瓜、几个西红柿，一结账三十多块钱。我差点怒了："你家的菜是黄金的吧，这么贵？"他们连连赔不是："对不起，对不起，按错小数点了。"我无奈地吐出一口气，唉，这种店下次我还怎么来？

后来，老公去买过两次东西，回来说这家店不错，就是刚开业还不太熟，可是那两个年轻人很专心，商品都精挑细选的，价格也公道。我们应该包容一下，给人家成长的机会。

我装作夸张的表情跟老公说："你好伟大呀，我差点断送了人家的前程。"老公憨厚地笑笑："我们要有点耐心，谁都有过从手忙脚乱的青涩时期。"

咦，这话好耳熟，好像母亲也说过。母亲去世前一年，基本都是在医院里度过的，第一次输液时，遇到一个毕业不久的实习护士。小姑娘人长得甜，嘴也很甜，总是不笑不说话。给人扎针时，手法轻柔，就是扎得不太准确，老是几次才能扎好。看着母亲手背上的血，我非常心疼，气呼呼地嚷："你这是拿我们练手呢？！"小女孩面红耳赤，一句话不敢说。

母亲嗔怪我："哪那么多事，我这皮糙肉厚的又不疼，孩子，扎吧，我都不怕你怕啥！"小姑娘怯怯地看看我不敢扎，我赌气走出病房。等回来时，母亲和那女孩有说有笑，药液早已输上。

小护士出去了，母亲和我说：“人家孩子刚上班，出点错是难免的，你也在医院实习过，难道都忘了？”

怎么能忘呢？我是医学专业毕业，当年在石家庄两家医院实习过。记得在心电图室实习时，里面有三位女医生，脾气差别很大。主任家教很好，透着一股与年龄不符的慈爱。另外两位要凌厉许多，除了支使我干活外，基本不理我。

每次有病人做完心电图，我看着那些上上下下的曲线就一脑子糨糊。小心翼翼地向医生请教，那两位大多一脸不耐烦地说：“你们老师没教你吗，自己拿课本去对，我要是手把手教你还不累死？”

主任就不一样，她会让我一段一段地把那些曲线剪下来重新贴好，然后耐心教我：“这样的是房颤，这样的是二尖瓣狭窄，这样的是心梗……”

我在内科实习时，有一位姓郝的医生，像对自己孩子般对我。我经常因为睡懒觉顾不上吃早饭，每天都急匆匆踩着上班的点跑去医院。郝医生一手好厨艺，经常把自己做的早点带给我吃。

在内科实习的那段日子里，郝老师手把手地教我专业知识。每天早上来了病人，她总是让我先询问病情，然后做初步诊断，她再确诊。几个月后，郝医生办了退休手续，离开了那家医院，我们从此再未见过面。

年轻的我，当时并没有想太多，只是觉得郝医生人好。其实，我只是一个外地的实习生，不过是她生命中的一个过客而已，她本可以用应付的态度待我，但却给了我那么多。

初出校门，我怯怯地走向社会，不知迎接自己的会是什么。那段最初的日子里，我见过人心险恶，也感受过太多的美好。那些险恶成了我成人礼的必备节目，而那些温暖则犹如在我胆怯时伸过来的一双有力的手，给了我面对未来的信心和勇气。

实习一年，各科室带过我的医生足有几十位。如今，他们大多面容模糊，只有那位心电图室主任和郝医生仍印象深刻。虽然我最终并没有从医，辜负了她们曾经的倾心相授，但我一想到她们，就会有流泪的冲动。

我们都曾青春年少，也曾青涩懵懂。给差生一点时间，让他变成你喜欢的样子。

一句担待，一份包容。时光飞逝，太多的往事呼啸而过，沉淀在心底的一定是这些温情。哪怕他心里有过怨有过痛，走到最后，也都会淹没在时光中。唯有那些对他好过的人，那些温柔待过他的事，会被他带着走过一程又一程。

看好你的时间，别让它被偷走了

[1]

失败者失败的原因迥异，但成功者却都有个共同特点：他们珍惜时间。

最重要的是，他们在有限的生命里，不停地切换角色，善用鸡肋时间，可怕的是，他们竟然很少熬夜通宵。给人一副看起来一点也不努力的感觉。

前些时间，我见了一个从央视离职的记者。她告诉我自己为什么选择了记者这个职业。

她说，一辈子太短，她想多切换一些角色，努力地活，让一辈子没什么遗憾。

记者，能让她见到各行各业最优秀的人，和他们打交道，能看到并且感受他们不同的生活轨道。

她叹了口气，说，现在，出来创业了，我要让自己的生活更多样，圈子更广，看到更多的东西，生命也能随之更宽阔起来。

其实我们身边很多生活的强者，他们的时间都是按秒算，不用闹铃早上就自然起床，不用人催也不会泡在网游里浪费时间。他们自律，他们奋进，因为，时间对他们来说，是一切。

[2]

同一天，我去了一个学校做演讲。

那是个三本学校，我长得像学生，穿着随意，因为来早了，于是早早地就坐在了学生位置等待着过来听讲座的学生。

此时，一群学生玩世不恭的走了进来，他们叽叽喳喳，忽然一个人大呼：哎呀！教室都成这样了……

我听傻了，一个学生，有多久没有进教室才能有这样的感悟。

接着更可怕，旁边的一个女生说："准备睡一觉然后回宿舍。"

我问她："那回宿舍干吗？"

她以为我在跟她搭讪，鄙视地看了我一眼，然后嫌弃地说："当然是继续睡觉。"

我无语。

讲座结束后，那个女生脸都绿了，她自己走过来，非要请我吃饭。我推不掉，于是赴约。

后来，才知道这次讲座之所以人这么多，是学校为了他们过四六级要求必须来听的。他们无所事事，所以，就必须被人安排时间去做一些事，来的，能加学分，不来的，期中考试成绩零分。

我忽然不知道该不该感谢这个学校的老师了。

她说："他们大多数学生不是宅在宿舍里，就是去外面打游戏。大家都不愿意上课，学校老师一般。"

我问她："老师讲得不好，为什么不能自学呢。"

她说："没办法，老师点名啊。"

我说：“那就算来上课，也可以在课上自学啊。”

她说：“我们来教室一般都是睡觉，要是学校都是您这样的老师就好了，最后，她还感叹了一句，大学四年过得真快啊，现在回想起来，这四年补了好多觉。”

你可能不信，这就是很多大学生的现状。

很多年轻人，在最青春年华的时候，竟然无所事事地浪费着青春，他们等着、挨着，希望这段时间赶紧过去，然后再去等待另一段时间。他们不计划自己的日子，不去利用他们现在最宝贵的时间，他们竟然不知道，一个人在最无忧无虑的年龄里，可以充实地做很多事，更不知道人的生命是最脆弱，是最稍纵即逝的，此时此刻，不用养老，不用抚小，却无法利用孤独的时间，让现在的孤独今后发光。

[3]

曾巡讲的时候，被一个学生问到学习效率怎么提高。我问他一般在哪里学习。

他说在宿舍。

我说：“是不是一手拿着手机，然后学会儿在床上躺会儿？”

下面学生不停地在笑。

于是我说：“丢掉手机，走出寝室，是提高效率的第一步。”

忽然下面响起了掌声，我实在不知道为什么这句话很经典，可我惊奇地发现一个事实：大家太不会利用时间了。

我们之所以会发现一天无所事事地又过去了，是因为我们缺乏了使用“鸡肋”时间的能力，更少了计划生活的本领，这两个能力，是年轻时最应该掌握的能力。

年轻时，寂寞是常态，你还没有那么强的社会资源，独处的时间，会占大多数。

不过，正是这些独处的时间，锻造出一个更好的人。

身边很多朋友，都在给自己列时间表，每个时间段做什么。今天哪些必须做，哪些想要做，哪些可做可不做。一天的黄金时间，先做必须做的；再做想做的；最后，做那些可做可不做的。他们给生活依旧留下一些不规划的时间，为生命留下足够的“彩蛋”。

或许，当你认识到生命的可贵，才知道生活是多么宝贵不允许浪费。不去努力过得精彩，规划好时间，留下的，不过是大量空闲时间被吞噬。

我们都有过睡了一下午发现头更疼的经历，也都有玩了一天游戏心更虚的状态。

[4]

读军校时，我的时间几乎都被支配，有时候走起队列来，每一个步伐都被控制。那时，没有大把大把的时间去学英语，唯一能做的，就是利用好这些鸡肋时间。

直到今天，我很感激当时对自由时间的把握，时常，我把单词写在纸条上，用自由活动间隙看；把mp3里装满英语音频，在叠被子做内务的时候听。

曾经写过一篇文章《最好的休息，不是睡觉》，当学习累后，别着急睡觉，去跑步，跑步完后，学习效率也提升了很多。毕竟，跑起来的人，会觉得世界一直在动，那些躺下的人，永远不知道世界可以充满着风和音乐。

后来，我开始当老师。白天的生活不停地重复着课程，夜深人静时，在所有人都睡觉或者出去嗨时，我选择坐在家里写字。

几年后，我竟然阴差阳错成了编剧、作者。

每次去医院看到那些即将离世的人，都会感叹生命的来之不易。既然这么来之不易，要不，就多活几个版本的生活吧。

那些被偷走的时光，是否，你都用过了。

时间既然这么短，更应该把一天当两天用，一辈子多切换一个角色，毕竟，动起来的世界总是比懒洋洋的生活要好，那一路，看到的风景也会不同。

青春短暂，时光亦然，总要抓紧一分一秒，才能不虚此生。

让嫉妒成为你努力的动力

谈起嫉妒，我鼓起勇气说段自己的经历：那时我刚工作不久，得知新来的女同事是我的大学校友，这缘分迅速拉近我俩距离，她没过几个月就怀孕，我一边暗自帮她完成任务量，承包复印、跑腿等粗活，一边抚慰她初孕的不安。

熟络以后，她开始高频诉说她公公做的饭菜有多美味绝伦，婆婆对她有多视为己出，老公对她有多恩爱有加，中心地段的房贷已经还清，购入轻奢代步车兜风感觉好极了……

此消彼长的工作量和否极泰没来的境遇，让我状态差极了，她却没完没了地夸老公、晒幸福、秀家产。她偶尔不能准点下班就抱怨家人还在等她吃饭，而我加班到十一点边等末班车边抹眼泪；她感情美满家庭和睦，而我独身闯荡茕茕孑立；她要产检、休产假、小孩头疼脑热、婆婆逛街崴脚，我就得无缝衔接地顶上。直到有一天她上班笑谈育儿经，下班借故先走，业务尾单又隐形落在生病的我头上时，我终于憋不住了，加完班和同事诉苦很久，得到共鸣更让我心头大快。

回到家后，我拨通高中死党的长途，刻薄尖酸地发泄，“她没完没了地炫耀，简直把之前的友情余额透支干净。公婆对她好，为什么家里管钱的不是她？老公对她好，为什么欧洲旅游没带她？房产证写她名了吗？有车人家来接她下班吗？”……

当我挂了电话，我突然意识到，这样狰狞而扭曲的自己，有多令人生厌。我是有多缺爱、多可怜，才会这么歇斯底里的爆毒舌。

她确实有问题，但我这内心剧场和爆炸大片的上演，归根到底还是因为心里的嫉妒，自己艰辛漂泊羡慕她的现世安稳，自己缺乏归属眼红她有温暖港湾，最令我羡煞的是她那从心底散发出的爱意、知足和好心态。再加上身份有相似性，冰火两重天的遭遇让我心生芥蒂、口出恶言。

其实，我对她的羡慕嫉妒恨，并不能折损她的一分一毫，还显得我小气没格局，更凸显出我驾驭不了骨感现实的挫败和无助。困惑、烦闷、焦躁之余，还得豪掷精力去搜集证据，说她坏话，找到站在同一个阵营的结盟者，满足自己的倾诉欲和窥私欲，挖到她的短板仿佛找到了优越感，暂时忘却生活中的不如意。

我顿悟过来，我对她的嫉妒，实际上是一种有情绪的赞美、够不着的仰望和软弱的傲慢。

她才不是我夜空中最亮的星呢，于是心里的总导演果断喊“卡”，果断与她拉远距离，关停她对我的负面电波发射站，闭关自我净化，转移注意力，把琢磨别人的闲工夫去激活自己那颗钻研业务、提高能力、寻觅美好的按钮，心无旁骛地过好自己的生活。现在的我生活精彩，根本懒得再去攀比计较。

事情过去好几年了，至今对自己当时的小心眼和不懂事仍耿耿于怀，或许她当我是朋友才心不设防地分享，或许言者无心听者有意。如果可以，真想去道个歉，可惜早已断了联系。

这个心结经常迫使我寻思“嫉妒”这点事儿，它让人的脚深陷在肮脏的泥泞里，心却飘向空虚的远方，离“攻击”很近，距“改善”很远。

女人相较于男人，确实更敏感、爱比较，就像张小娴说的那样，女人是能够亲密得挤在一个试衣室里试内衣，却仍然互相妒忌的动物。很多人觉得嫉妒太共性，犯不着上纲上线。但其实，这种辣手摧花的心态和情绪危害可不小。

有时发下牢骚，疏解情绪也人之常情，但那些恶意满满的添油加醋、枉顾事实的肆意发挥，不惜牺牲自己人格和口碑，用生命去充当别人的差评师，锲而不舍地抹黑别人，注定人际关系岌岌可危。

因妒生恨还是一味致丑剂，相由心生，对假想敌的憎恶凝固在面部，不甘心的戾气融进肌肤纹理，乌云压顶般的氤氲在脑门，沉甸甸的负面情绪让五官和皮肤下行压力增大，郁结心中还促使乳腺增生、内分泌紊乱。两瓣嘴唇开合之间尽嚼舌根，精心画个咬唇妆也没什么用。

虽然你元气大伤，可是丝毫碍不着别人，人家一样过得好好的，连喷嚏都不打一个。

很多把生活过的一片邋遢的女人，都有一个通病就是，喜欢把注意力放在别人身上，观察别人、评价别人、不爽别人，每天浸泡在嫉妒和阴暗的臭水沟里不能自拔。为何不能“自私”一点，把聚光灯多往自己身上照照，去纠正偏差、学会包容、善待自己、升级打补丁。

我还见过一小撮爱挖别人黑底的女人，比如同伴说起A嫁得好，她故作挡嘴状，却大声嚷道A割双眼皮、打瘦脸针；朋友夸B女创业很成功，她深谙内幕般爆出B用不当手段得到一片事业；常在贴吧里披件马甲就爆料闺蜜不体面经历，或打着言论自由的旗号，向着陌生人滥骂侮辱、人身攻击。

任何对别人的打压都是有嫉妒之心和原始恐惧的。

总之成天见不得别人好，掘地三尺挖黑底来平衡自己。难道朋友们都遭遇家暴躲到你家，捉襟见肘找你借钱，你才觉得自己比别人过得好？口没遮拦，背后插刀，难道不怕坏话传到当事人耳朵里？网络跟帖者把你朋友骂到不堪，你心里就没个歉疚？

不去分析别人让你羡慕的原因，不愿承认别人的努力和付出，不做些实实在在的改变，不能正视自己那技不如人的无力感和自卑感，拿着没有直接因果关系的理由诋毁别人。别人成绩优秀、事业出色、爱情滋润，在你眼中全因不正当手段，好像自己的不足瞬间与扒出的黑料负负得正，终于可以心安理得地饶过自己。可惜，你错失取长补短、师夷长技以制夷的机会。

总之修炼安宁的心态是需要“刻意而为之”的事儿，把嫉妒里那一丝上进的动力提炼出来改善自己，这才是货真价实对自己的投资。

躬自厚而薄责于人，则远怨矣。

你要敢于突破自我设限的瓶颈

在一次朋友聚会上，认识一女朋友，我们两个人聊到厨艺，她告诉我自己很喜欢吃鲈鱼，但是不会做。我告诉她，做鲈鱼一点都不难，最简单的做法就是清蒸了。我分享了自己清蒸鲈鱼的做法。她听了一半忽然说："我是西北人，从小吃鱼少，也不会做。"我笑着说："那可以学呀！"她回应道："我学不会，而且我是西北人嘛，天生缺少做鱼的细胞。"

在后来的聊天中，我发现这个女生有很多类似"我是西北人，我学不会做鱼"的信念。她和你抱怨男朋友不带她出门旅行，你说很多女生会独自旅行，她就来一句"一个女孩，不应该自己去旅行，多危险啊"。她说羡慕单位某个女同事除了上班，还自己开了一个小公司，收入颇丰，你还没来得及回应，她已经自己总结道："一个女人这么折腾干吗？赚钱的事情，男人做就好了。"

这时，我忽然明白，这位女性有很多的"作为一个女人，'应该'如何如何"的观念。在认知上，她有诸多的"应该"倾向，也会给自己贴上许多标签，这是一种自我设限的表现，阻碍了她去尝试和学习许多新鲜的事物，也让她的人生减少了很多体验的乐趣，当然，她本人并没有意识到也不认同这一点。

在生活中，我看到有太多这样的女性在自我设限。有的女生上学时说我是女生，数理化学不好。有的女生大学毕业找工作时说，我表达能力差，做不了销售。等到谈恋爱时，她们又说，作为一个女生，我要矜持，不能主动约男生。后来结婚生子，她们又会说，我体力不如从前了，我再也没有自由了……

如果要把女性分为两类，我会划分为：一类是自我设限的，一类则是打破自我设限的。我身边有许多优秀的女性，她们往往属于后者。有个女老师原来的工作是女子监狱的狱警，五十多岁才开始学习心理学，成为心理咨询师，给犯人做心理咨询。后来又学习了催眠，成了有名的催眠师。她用自己的成长以及专业的知识改善了与丈夫和儿子的关系。在她六十多岁时，同龄人早都退休了，她还能靠讲课、培训、做心理咨询实现自我价值，更重要的是她拥有一个幸福的家庭和充实又有意义的老年生活。

有一位做社会工作的前辈，她大学学的是历史专业，后来研究生时她换了社会学专业，在五十岁时她又去香港的大学学习女性主义。与她交谈，你会发现她丰富的学识以及不同的学科背景带给她多元又独特的见解，她总有很多有趣的想法和观点，令人惊叹，引人深思。

还有一位一直在高校任职的女老师，在自己60岁时开始创业，开了一家咨询公司，我们无数的后辈们对其佩服不已。

我还想到日本舞蹈家仓永美沙。她从小练习芭蕾舞，由于身材比较娇小，一直不被重视，但她却从未放弃，更加努力地练习，敢于突破一般芭蕾舞者常规的既定限制，直到终于达成自己的梦想，成为首位登上波士顿芭蕾舞团领舞席的亚洲舞者。

这些女性敢于抛弃自我预设，突破有形无形，外在内在的束缚和限制，大胆向前去追求自己想要的生活。她们让我看到女性其实可以通过自己的努力，改变自己的人生；让我相信女性的命运应该掌握在自己手中，而非由性别决定；女性以不受他人眼光的限制，坚持与勇敢地追求理想，而改写自身的命运。以上提到的女性勇敢者是我学习的榜样，无形中激励着我，让我去迎接更多的挑战，定义更好的自己。

回顾我自己近30年的成长历程，其实是在持续不断突破外界给我的许多限制和规则，并在与“自我设限”做斗争的过程（这个过程现在还在继续着）。上高中时，我们有了化学课，有不少人对我说，女孩学不好化学。可我发现我对化学很感兴趣，而且我心中有一个疑问：如果女孩学不好化学，为什么我们的化学老师是女的呢？这激励我努力学习化学，化学成绩也一直名列班级前茅。文理分科时，我选择读文科，化学和地理老师还来劝我慎重考虑，希望我改变选择。

我大专学的是会展策划和管理，自考本科时我想选择广告学，可很多人对我说，你可以选择工商管理这个专业，因为专业差异不会那么大，通过考试和找工作都比较容易。但是我没有，还是学了广告。因为对广告感兴趣，我学得努力又快乐，大专毕业之际，不仅拿到了大专的文凭，还拿到了广告学的学士学位。这再一次让我看到，别人怎么说不重要，重要的是自己想要什么，以及为了这个付出的努力。也许因为从小就喜欢写作，再加上在广告公司做策划文案的积累，我开始在豆瓣写日记，后来出书，成为自由撰稿人，然后又去学习心理咨询……我现在做着自己喜欢的事，过着自己想要的生活。

前段时间，我看了心理学家卡罗·德威克做的TED演讲，讲一种成长型思维——“还没”的力量。我们能发展我们大脑学习和解决问题的能力。如果你现在做得不好，失败了，不是你不够聪明无法解决问题，只是你“还没”想到解决的办法。演讲中展现了大量实验结果，许多成绩不好的孩子通过学习成长型思维不仅获得了巨大的进步，还收获了满满的信心与意志力。

我喜欢这样的思维方式。不是我们不能成功，只是我们还不够努力。当我们懂得欣赏自己的努力和坚持时，我们能够培养出自己更强大的意志力和生命力，便更容易取得成功。

必须承认作为一个人，我们都有人之为人的无助、脆弱与局限，但是自我设限就像给自己挖了一个很大的陷阱，你还没有努力往前走，就已经掉进坑里了。很多女性总是在想：“我一个人，不能过得快乐”，“我这么大年纪了，没办法再读个学位了”，“我性格内向，就是处不好人际关系”，“我是个女的，赚不到同男人一样多的钱”，“我离过婚，没有男人会再爱上我了”……这样的自我设限当然会带给你好处，可以防止你因自身能力不足带来的挫败感，可以暂时让你感觉良好，维护一部分自我价值感，但更多的是对你造成伤害。它会让你找借口变得懒惰，放弃努力，放弃坚持，每天都在扼杀自己的潜力和欲望，让你失去你原本可以拥有的成功机会，让你还没有好好活过，却像已经步入绝望的人一样丧失希望与活力。

女性成长的过程是不断被教育，被规划，不断接受外界赋予标准的过程。家长、老师、时尚杂志、传媒资讯、社会习俗等会给你列出各种女人应该怎么怎么，如何如何的标准。除此之外，很多女性也会自我设限。语言和思维的自我设限和暗示，会让一个人的世界越来越狭窄。

如果你是一名女性，希望你能学会独立思考，敢于去挑战那些标准和条条框框，去认清什么才是自己真正想要的，能够为自己的命运做主，改写自己的命运。同时，懂得突破自我设限的瓶颈，对自己的生命肯定，生命才会回报你更多的可能与精彩。

真正厉害的人都是比较低调的

有谚语说："天不言自高，地不言自厚，以万物为参照，可洞观一己之不足。"意思是天地虽没有自己说自己如何高如何厚，可人们都看得见天地的高旷宽广，是他养育了万物生灵——真正有学识有涵养的人是不会得意忘形到处炫耀自己的。

佛家的禅语中有这样一句话："高高山顶立，深深海底行。"这大概是对低调最形象地描述了。低调意味着"高"，但同时是"深"藏不露，"高"是"藏"的前提，只有这样，才称为"低调"。正是这种"深藏不露"，使低调拥有了特殊的魅力！

低调的人，是一道迷人的风景，让你流连忘返，回味无穷；低调的人，是一面明镜，让你看到自己的不足，同时，也读懂了人生。不得意忘形低调的人，往往是人群中的不凡之人，也是最后的强者。唯有低调的人才能够在现如今的世态纷扰之中坚持淡定从容的志趣，以平和乐观的心态来面对风云莫测的人生。

如果说，好人是这个世界上的灵魂，那么低调的人，就是成就这个世界诸多美好的一片沃土。低调的人，犹如茫茫沙漠里的一方绿茵，清爽宜人，给人希望，赐人清凉。

那么，人生姿态深藏不露保持低调，从不得意忘形有哪些含义呢？个人理解认为具体有以下：

深藏不露不得意忘形的人，凡事三思而行。

低调是一种更优雅的人生态度！理想有时是高昂的，但生存必须低调。激昂是一股气质，低调同样是一种气质。项羽即使在垓下被围，四面楚歌的时候，依旧不承认失败，只是抱怨上天对他的不公；关羽被砍了头，可依旧气宇轩昂，提着自己的脑袋找仇人报仇。这些都是激昂者之中的“精品”。这种“磅礴”的气势使很多人都觉得，激昂代表了一种雄壮的美，不知不觉中对这种激昂的气质产生了认可。于是，难免要贬低“低调”的人生态度。

得意时要少说话，而且态度要更加谦卑，这样才会赢得朋友们的尊敬。凡事三思而行，说话也不例外，在开口说话之前也要思考，确定不会伤害他人再说出口，才能起到一言九鼎的作用，你也才能受到别人的尊重和认可。

真正低调的人是内心存在真实价值的意义。他们是君子之交，淡淡如水。气量如撑船之腹，行为举止端庄素简，用心去看待这个烦琐的世界，去宽广无边的仁爱。

高声叫嚷的，是内心虚伪的人；招摇显摆的，是骄矜浅薄的人；上蹿下跳的，是奸邪阴险的人；气氛懒惰的，是不思进取的人；不知悔改的，是无可救药的人。他们急切地想掩饰什么，急迫地想夸耀什么，急躁地想谋夺什么，急忙地想窃取什么。急快地想逃脱什么，于是，这个世界因他们而弄的喧嚣不宁，乌烟瘴气。

深藏不露不得意忘形的人，从不恃才傲物。

低调代表着成熟和理性。高昂只是一时冲动，急功近利总是容易导致苦涩的结果。唱高调需要年轻的激情，但是在经历沧桑之后，高调会降成雄厚的低音。他们以成熟的心态，经过理性的思考，他们不再去追求风光无限，更看重的是用最简洁的途径，最稳妥的方式获得最理想的结果。

外藏内敛，不要轻易暴露锋芒；内智外愚，学会适度装傻；勿论人非，不要传播谣言；拓宽心胸，勿怀嫉妒之心；精诚所至，永远不要失去信心和勇气；圆融通达，不要过于愚直；有张有弛，大丈夫能屈能伸；各有所长，不要轻视他人；有舍有得，有所放弃才能有所拥有；居安思危，应知处进思退。

低调做人，高调做事低调做人是一种境界，一种以退为进取储备奋发力量的竞争意识。对待他人宽容大度就是有福之人，因为在便利别人同时也为方便自己奠定了基础。君子应有含垢纳污的气度；让他人一步又何妨；万事小心，不可骄矜；水至清则无鱼，人至察则无徒；得饶人处且饶人；海纳百川，有容乃大；不要事事都较真；给人面子道理宽；坦诚地承认自己的错误；多一份信任，少一份猜疑。

当你取得成绩时，你要感谢他人、与人分享、为人谦卑，这正好让他人吃下了一颗定心丸。如果你习惯了恃才傲物，看不起别人，那么总有一天你会独吞苦果！请记住：恃才傲物是做人一大忌。

容人之过，方显大家本色：大度睿智的低调做人，有时比横眉冷对的高高在上更有助于问题的解决。对他人的小过以大度相待，实际上也是一种低调做人的态度，这种态度会使人没齿难忘，终生感激。

深藏不露不得意忘形的人，从不锋芒毕露。

低调更多地表现为一种“态”，一种“气息”。它代表一种优美、真实和自然。它是一种境界、思想、风度、气节。低调表现为精神和财富满足后的自然沉淀。我们可以这样形容它：经过一段时期的积累而独立、坦然、自律，它能恒久散发亮丽光华，并交相辉映，但是并不刺目。如果用事物代表低调，低调就像珍珠——圆润、细腻，却不失动人心魄的光彩。

一个真正具有才德的君子要做到不炫耀自己的聪明，不显露自己的才华，如此才能够培养出肩负重大使命的能量。鹰立如睡，虎行似病；深藏若虚，盛德若愚；大辩不言，故能胜物而不伤；隐忍而自胜，徐图而自强；龙蛇屈伸，幻化莫测；韬光养晦，后发制人；相机而动，出奇制胜；聪明不露，才华不逞。

做人要圆融通达，功成名就需要一种谦逊的态度，自觉地在名利场中做看客，开拓广阔心境。不要太把自己当回事：不要太把自己当回事，才不会产生自满心理，才能不断地充实、完善自己，缔造完善人生。在生活上简朴些、低调些，不仅有助于自身的品德修炼，而且也能赢得上下的交口称誉。

一个懂得谦逊的人是一个真正懂得积蓄力量的人，谦逊能够避免给别人造成太张扬的印象，最后达到成功。性格豪放者心胸必然豁达，壮志无边者思想必然激越，思想激越者必然容易触怒世俗和所谓的权威。所以，社会要求成大事者能够隐忍不发，高调做事，低调做人。

深藏不露不得意忘形的人，从不孤芳自赏。

有谚语说："天不言自高，地不言自厚，以万物为参照，可洞观一己之不足。"意思是天地虽没有自己说自己如何高如何厚，可人们都看得见天地的高旷宽广，是他养育了万物生灵——真正有学识有涵养的人是不会到处炫耀自己的。

中国人讲究含蓄，即从表现出来的有限东西上，来反映那没有表现出来的东西，也就是说，含蓄可以激发你的联想和思索。低调正是如此，它是增强"意境"的一个重要手段，即使你表现出来了某个片断或局部的东西，但是可以让看到你的人"浮想联翩，思之无尽"。

低调弥漫着一种深远的"意境"，给别人留下深思遐想的空间，让人产生丰富的遐想和强烈的共鸣。这里体现出来的是一种尺度和分寸，在低调的时候，你永远可以保持这种尺度和分寸！相反，你的高调会破坏这种尺度和分寸，使你丧失你的"距离美"。

一个人再聪明也不宜锋芒毕露，不妨装得笨拙一点；即使非常清楚明白也不要孤芳自赏，你可随和一点；在有能力时也不宜过于激进，宁可以退为进，这才是真正安身立命、高枕无忧的处世法宝。

顺应时势才能成就大事；大智若愚，大巧若拙；露锋于外不会轻易遇敌手；出头的椽子先烂；智者卖憨，憨者卖乖；把自己放低，将别人抬高；隐忍不发，坚挺蓄势；大智者常有大辱，忍大辱则有大成；既定以求进，舍以求得；成功属于那些善于取舍的人。

低调的人应始终牢记：孤芳自赏更易成为众矢之的，宁拜人为师，勿好为人师的这一具有人生理念的古训。我将在今后的生活和学习过程中，更要学会低调做人，谦卑处世，光明磊落，崇尚诚信，保持一颗平常的心态，在人生的道路上让思想更开阔，路走得更稳健，去低调做人，高调处事。

你厉害了，圈子也跟着厉害了

大学宿舍“卧谈会”时我们讨论过类似的问题，最后几乎统一得出的结论是：不是优秀的人不合群，只是在他们合群的圈子里没有你罢了。

记得我高中那会儿，八个人一个宿舍，其中就有一位舍友就可以归类为大家认为的那种“优秀的人往往不合群”的那种人。

高一那会儿，我和大家的想法是差不多的，都觉得他太装、和我们太玩不来了，不就是每次考试都能稳居全校前几名吗？不就是参加全国中学生英语竞赛、数学竞赛都得了一等奖吗？不就是平时喜欢捣鼓点小玩意然后就很“不要脸”去参加什么科技创新大赛得了一些奖吗？……

有什么了不起的，对，当时我就是天真地这么想的，其余舍友也是这么认为的，虽然平时在宿舍他和我们都客客气气，有什么宿舍活动也会一起参加，但就是觉得他融不进我们这个小团体中来，说的话也最少。那时候我们都觉得他就是傲，恃才傲人。

高一那整一年，我们七个人都会有意无意故意刁难挖苦他。经常他到外面捣鼓一些小发明回宿舍晚了，我们就会怪声怪气似有似无地嘲讽他说：“哎哟，大发明家终于回来了啊！今天又有什么重大发明快拿来给我们瞧一瞧啊，下次也带上我们呗？”又或者某次月考他又是全班前几，全校前十，我们又会说：“哎哟，要是我们和你一样那么努力学习就好了，教教我们可好？”

但每次我们这样好像可以刁难他时，他总回答，好啊，下次我们一起去弄吧；好啊，以后我们可以一起学习的，好像他不会生我们气似的。往往这时候我们都会觉得他好假，然后七个人阴阳怪气大声笑喊道："记得下次叫上我们哦！"

他确实这样做了，每次他去干点什么的时候，都会问我们要不要一起去干。但我们每次不是在打篮球踢足球就是在宿舍斗地主，所以每次都会和他说，你去吧，下次再叫我们，没看我们正玩着的嘛。

就这样反反复复，即使每次他叫了我们和他一起去干"一场伟大的事业"，也是因为我们自己贪玩找各种理由没有去。但人就是那么奇怪，每次他"干完大事"回来我们一如既往地嘲笑挖苦他，但一年下来，他几乎没有生过气，我以前觉得他这样很假，现在想想却觉得当时的我们是有多么不可理喻。

后来，文理科分班了，我们宿舍8个人分道扬镳，各过各的剩下的那两年高中时光去了。

在后来高中的两年里，他作为我们学校的风云人物，我总能听闻各种关于他的光荣事迹，在高二一开始我还觉得他也就只是个两耳不闻窗外事的学霸罢了。

但后来，我却发现自己的想法是多么的幼稚。在剩下的两年高中时光里，我经常在校园里看到他和一群朋友去打篮球、踢足球；早上和一群人在学校的英语角上锻炼口语；在全省小发明创新大赛中带领他们的团队给我们高中母校带来一个个荣誉；甚至还在高三那年紧张的复习备考中带领他们班级夺取了全校班级篮球赛第一名；然后代表学校参加市里的比赛……

而且周围认识他的人都说他真的很帅，也很幽默！那时候我有点怀疑自己高一那会是不是从心里去刁难他。现在想想确实是这样子的。

如果你以为故事到这里就结束了，那么让你失望了。

高三高考那会发生了一件让我们整个高中都为之沸腾的事情。作为带着我们学校冲击清华、北大任务的他竟然顶着学校和他家里的双重压力，放弃高考。那时候我们都以为他没得救了，但后来等我们都陆陆续续拿到大学录取通知书时，我们的市报登载了关于他的新闻：×××毅然放弃高考，先顺利被香港大学录取，学费全免。(具体的标题内容有点忘记了，但意思是差不多的)

我知道有的人会说，那他以后的人生也不一定会成功。对，当然，以后的人生谁又知道呢。

但有一点可以肯定的是，从我高中这段经历，我深刻地认识到“物以类聚，人以群分”这个道理，当你认为某个人不合群时，不管他是否优秀，可能其实并非他不合群，只是在他们合群的圈子里没有你罢了。所以，我们每个人，如果你没有深入去了解一个人，千万不要自以为是给别人贴标签，因为等你成熟后你只会发现这样的自己是有多么的幼稚和可笑罢了。

选一个适合你的方式去坚持

最近我爱上了拖地，原因很简单，我家的房子在稍微高一点的楼层，恰好是空气中的扬尘层，每天开不开窗都是一层土。以前懒得收拾，总是积攒一星期才去擦一遍地，前几天身体不好在家休息，突然想起来擦地，于是连擦了好几遍的地，看着光洁的地板，心情变得大好。那天之后，每天都会坚持擦一遍地，甚至连地上一个脚印都不能忍受。我想起了《21天理论》，也就是一件事坚持21天就会成为一种习惯，不禁感到惊奇。

这件小事让我想起了很多同学给我写信，说自己是如何坚持不下去一件事，导致了对自己的责备，对未来的恐慌。其实我们每个人都有坚持不下去的时候，而坚持本身就是一件很不容易的事，所以成功的人只有少数，这是我们首先要理解并接受的事。对于我们普通人来讲，坚持不下去通常不是发生在某件事的中途，而是发生在一开始做某件事两三次的时候。比如想好每天要读英文，结果三天就拜拜了；看了励志书籍后发愤图强，列了一堆的计划在本子上，万丈高楼平地起了一天就灰飞烟灭了；办了张健身卡幻想着自己有优美的腹肌和傲人的身材，进健身房跑了20分钟步就坐地上看别人练了。我们都对自己的生活有各种幻想和希望，但坚持变成了最大的劲敌，于是我们大部分人都只是普通人。

上周在豆瓣看到一篇文章，讲一对年轻的小夫妻一改往日晚睡晚起的恶劣生活作息，改变为10点睡觉6点起床的老年人生活方式。以往还在睡梦中游荡以及挣扎着起床忙的撒腿就跑没时间吃早餐的清晨，变成了打扫房间、锻炼身体、赏花散步、共享早餐的时光，经常做了好多事发现还没有到上班的时间，顿时感觉老年人的白天真长啊。这是一个看起来很简单的事，但做起来很难。我依照他们的做法10点睡觉却怎么也睡不着，早晨6点也依旧醒不来，于是第二天改回了晚睡晚起。今天早晨要帮干女儿准备早餐，让她能按时到教会，于是风风火火地很早起来准备早餐和她要带走的食物和水，等她起床洗漱后共进早餐，送走她后时间还早，洗衣服、擦地板、收拾房间之后也才到九点钟而已。早起虽然有点困，但是能坚持，过一会儿就会清醒起来，让身心感到非常舒畅。想到如果明天也能继续早起，那一定能做很多事，比如可以看会儿书，安心做一顿丰盛的早饭给全家吃，或者出去锻炼身体买个豆腐脑油条回来也是很幸福的事，身心充满了对明天早晨早起的期待。有时候看起来很艰难的事，稍微狠心尝试一下并多想象美好的一面，会给人带来强劲的动力，关于幸福而健康的生活，应该是每个人都愿意尝试并想拥有的吧。

如果说有些坚持的动力来自于生活中的小确信，那么能毁灭坚持的一大恶敌便是——体力。上班族每天上班都已经很辛苦了，很多人反映，自己也很想八小时以外做些事，比如看书、学英文、学点什么或者去兼职赚外快，可体力做不到啊。每天回家只想躺在沙发上看电视，然后昏昏沉沉地睡去。可心里又觉得这样的日子太过萎靡，仿佛生活全都被工作占用，而自己的生活里什么都没有，看到别人赚外快、有特长时，心里再次升起深深的自责。如果八小时的工作是自己不喜欢甚至痛苦的事，内心更是会对未来充满绝望，仿佛自己的未来要被黑夜抹去了。对于这个问题，“坚持”两个字已经很难成为教程和攻略，更难以成为“打鸡血”似的正能量。作为常年在下班后仍活跃在个人爱好第一线的自己来讲，其实我们可以在心里把上班下班和分割成两个世界，潜意识里认为自己白天是一个在公司里的认真工作的人（或者说带着生活的假面具的人），下班后启动自我世界的大门，回到自己的世界里做回自己。毕竟很多时候我们不能放弃那一份能让我们生存的但可能并不喜欢的工作，但不管几点钟下班，只要下班后就能离开能让我们生存的工作世界，回到另一个允许自己娇气、难过、悲伤、开心、矫情的小世界。哪怕回来只能睡觉了，幸福感就会升腾起来，以让内心中的力量集聚，做一些自己想做的事。这个观点看起来有些自欺欺人，但却让我受益很多年。当我们把24小时的世界切开来看，前一个世界的辛苦就会自动被关在门外，内心不再去想，身体便不会延续在其中的困苦，来自身心的力量便会重新集聚在新的世界里蓄势待发。

当然，如果本身不是猫头鹰型的人，8点下班10点就要睡觉否则就要昏过去的这种人，完全可以选择早起来做自己喜欢的事。据说村上春树每天4点钟起床写作，然后离开自己的小世界9点去社会上上班，变身一个与别人看起来很相同的人，第一次读到这段生活方式的时候甚为惊喜，也变成了我所期待的生活方式。虽然我仍然无法在4点钟起床，但能从生活本身去研究与整理自己，而不单纯靠名言警句“打鸡血”的生活，才是真正稳定而步步为赢的人生。

结果不是结束 而是开始

红酒在我看来，一直是个神奇的东西，因为可以是个跟环境、心情、人密切相关的东西。

朋友定期会请我品评红酒，我觉得属于文化侵略和品位炫耀。生活，总是经常被很多物质标志着，如，很多东西没有做、没有享受、没有拥有，这个人品格值得担忧。老话是“物以类聚，人以群分”，现在是人以物聚，物以群分。现在这种观点是有一定局限性的。

“德哥，什么时候你觉得自己成熟了呢？”

“成熟？现在算正在成熟中，至于让自己印象深刻的自己，我给你说几件事儿吧。”

“第一件事儿，那时候还在卖车，准备搞点儿大动静。一次进入过去一年才能卖出去的车，图个返利政策和销售突破。自己有点含糊，就问朋友。朋友说：‘当你问我这个问题的时候，其实你已经决定干了。”

“第二件事儿，婚前我职业生涯的老师给我说：‘你有文化、脑子够用，但匪气不够。要么你选择流氓有文化，要么你就得接受你自己。’我说：‘我懂得匪气是什么就好了，但是估计我没戏那么做。”

“第三件事儿，突然有一天明白，自己可以做到事前忧虑，事中安静，事后总结。不再纠结原因，而是正视结果了。结果是唯一的，原因却是错综复杂的，你只能未来做该做的，却不能寻找到所谓的原因。”

“哦，德哥‘三段论’啊，隔几年就要发生点标志性事件，你也就慢慢成熟了呗，这也是人生的成长、成熟？”

三段论？现在，人生境界基本陷入三段论，前有王国维的“人生三境界”，后边有“看山是山、看水是水”的充满禅机，不足而论。

前几天又看到一则，“人生的三次成长”。第一次成长是明白自己不是世界的中心；第二次成长是明白再怎么努力，好多事还是无能为力；第三次成长是明明知道自己无能为力，还会努力争取。

按着上面的说，大约自己可以单独走动、可以跟别人沟通了，你也就知道自己不是世界的中心了；至于无能为力，给你个数学题，就难住你；至于你无能为力还要努力争取，高考前坐在课桌后，大致也就那样了。

成长是一个“不得不”的事情，哪怕你把自己放进保鲜箱。成长无非两个标志，你不想做现在的自己；开始回忆过去的美好。小学生对幼儿园的鄙视，其实和老年人对年轻人的责难差不多。开始扮嫩或是扮成熟，或白日梦“要是当初我怎么怎么”，成长也就成了没法子的事情，和你是否情愿没什么关系。

想想自己人生的瞎折腾，成长总是悄无声息、后知后觉。当别人告诉你或是自己告诉自己，“这件事以后，你终于成长了”。细究起来既不是量变到质变，也不是非常时刻非常悟道，走到一个地恰好遇到一点事儿或一个人而已。

于是，成长是自然而然的，但成熟没有伴着成长一起来，这个才总让你夙夜不寐、辗转反侧吧。成熟跟成长不同，倒是可以选择的事情。不是你不会成熟，或是永远不能成熟，而是你愿不愿意选择成熟。

人生最大的借口是孤独，这个世界里的自己永远孑然一身。于是乎，既然孤独何必担当，或是即使孤独也要折腾点动静，大多数人无非在这两种状态里随时变身转换。出了问题，自然因为我是独立的和世界没有关系的，何必担当，都是世界的错；闲了或是成功了，或是有欲望去成功了，那一定舍我其谁，不搞个天地变色，我都不惬意。

但等到明白，在世界都找不到答案，问题的答案在问题里，你对世界的问询本身就是答案的时候，或许也就开始学习成熟了。成长是一点点来的，成熟是因为知道，如何产生这些问题、如何回答这些问题，成熟瞬间也就来了。当你不借助外面的力量，开始问询自己，捧着自己的问题欣赏问题本身，然后明白问题的答案在问题里，成熟也就悄然而至。

成熟不是面临选择，选择是成长路上必需的事情，成长总是会带来无穷的选择。如何选择才代表你是否决定，是继续懵懂的延缓成熟、还是选择不得不的成熟。世界总是会告诉你偷懒的机会和顺应环境的捷径，只是为了同化你和涂改你。你也总是会发现，这个人生一直让你成长，却使出吃奶的劲，让你不能成熟。这个人生一直蛊惑着你，在你需要选择的时候把选择权交给这个世界。

可以做，但是我选择不做；可以不做，但我选择必须去做。不是自虐，是因为你不为难自己，世界就为难你。冬天不剪枝，春天不好开花；开花还不能开得太过，因为秋天你还要结果；果子你还要有舍弃，才能最终收获甜美。你可以不剪枝，也可以尽情怒放，也可以尽可能多的累积果实，这是你的选择。但别埋怨果实不甜美。

世界通常是由结果组成的，原因总是莫名所以。人生要是有悲哀，就是结果倒推的时候，言之凿凿、宿命必然，行进时昏昏然不知本来。真找到了原因，看似必然，却又总是似是而非。原因要么是自己成功的必然，要么是宿命的失败。原因在别人那，结果在我这，总是能安抚一下自己受伤的心灵，才不至于对自己厌倦。于是成长成了一个骗局，世界骗你你骗自己。

人生拿着原因说事是骗不过去的，因为结果永远是昭昭。就如你再怎么装扮，或许骗得了这个世界，但是你清楚地知道镜子里的还是你。你再涂改自己的形象，获取这个世界的认同，但可惜世界总是拿着潮流和个性说事，你也就将就着在潮流和个性里犹犹豫豫。一不小心，就是别人的翻版，或是特立独行到被世界遗弃。

可惜人生还是你的，你也只能在事情没来的时候，学会焦虑，却必须在事情里安之若素、坦然自若。结果带来的是开始，而不是结束。结果永远告诉你的是未来怎么做，而不是原因是多么的令人疑惑或是不堪。

恍惚里，酒在醒酒皿里弥散着一点点的雾气。年代遗留的味道和淳美，一定间杂着些微的残渣，但不影响酒在杯壁上执着的印记。味道和口腔有关，却被喝下的酒和眼睛、嗅觉蛊惑着，更被心情和对面的人叨扰着。阳光透过杯子，让如血的酒，有点燃烧的感觉，投在桌子上的影子，却宝石般的润泽。

酒未老，酒的成熟需要时间，也需要心情，人或许一样，人生也就大抵一样。

尊重他人是一种智慧

懂得尊重别人是做人最起码的要求。真正做到尊重别人，则是一种境界，一种美德。孟子有云：“爱人者，人恒爱之；敬人者，人恒敬之。”此话强调了尊重他人的重要性，一个人在与别人交往中，如果能很好地理解别人，尊重别人，那么他一定会得到别人百倍的理解和尊重。

优秀的人对谁都会尊重。尊重领导是一种天职，尊重同事是一种本分，尊重下属是一种美德，尊重客户是一种常识，尊重对手是一种大度，尊重所有人是一种教养，可以说尊重的魅力无限。

任何人都不可能尽善尽美，我们没有理由以高山仰止的目光去审视别人，也没有资格用不屑一顾的神情去伤害别人的自尊，假如自己某些方面不如别人，我们也不必以自卑或嫉妒去代替应有的自尊。只有学会尊重别人，才能赢得别人的尊重。其实尊重别人就是尊重自己。

一家生意红火的蛋糕店门前站着一位衣衫褴褛身上散发着难闻气味的乞丐。旁边的客人都皱眉掩鼻，露出嫌恶的神色来。伙计喊着：“一边去，快走吧。”乞丐却拿出几张脏乎乎的小面额钞票小声地说：“我来买蛋糕，最小的那种。”

店老板走过来，热情的从柜子里取出一个小而精致的蛋糕递给乞丐，并深深地向他鞠了一躬，说：“多谢关照，欢迎再次光临！”乞丐受宠若惊般离开，要知道他从来没有受过如此殊荣。

店老板的孙子不解，问道："爷爷，你为什么对乞丐如此热情？"

店老板解释说："虽然他是乞丐，却也是顾客呀。他为了吃到我们的蛋糕，不惜花去很长时间讨得的一点点钱，实在是难得，我不亲自为他服务怎么对得起他的这份厚爱？"

孙子又问："既然如此，为什么要收他的钱呢？"

店老板说："他今天是客人不是来讨饭的，我们当然要尊重他。如果我不收他的钱，岂不是对他的侮辱？我们一定要记住，要尊重我们的每一个顾客，哪怕他是一个乞丐，因为我们的一切都是顾客给予的。"小孩若有所思地点点头。

这个店老板就是日本大企业家堤义明的爷爷。堤义明坦言，当年爷爷对乞丐的一举一动深深地印在了他的脑海里，后来曾多次在会上讲到这个故事，要求员工像他爷爷那样尊重每一个顾客。

可以想象，这里的"尊重"绝不是社交场合的礼貌，而是来自于人心深处对另一个生命深切的理解、关爱、体谅与敬重，这样的尊重绝不含有任何功利的色彩，也不受任何身份地位的影响；唯其如此，才最纯粹最质朴也最值得回报。

心宽一尺路宽一丈，敞开心胸善待所有人。无论是你喜欢的还是讨厌的，无论是你的朋友还是你的敌人，都要尊重他们，这是一种勇气更是一种智慧！

有教养的生活，让你优雅着温柔

多怀揣一些真诚的善意，

少一些虚假的套路，

这个世界真的很美好。

心怀善意，向阳而行

这个夏天酷热难当，动辄30-40摄氏度的高温，申城就像个大蒸笼，我们躲在一个个空调房间里“苟延残喘”，能不外出则尽量猫着，特别是炙热的中午。这样一来，外出吃饭成了个大问题，于是只好叫外卖。

其实现在叫外卖挺方便的，各种外卖软件让我们坐在家里，动动手指头，饭菜就会很快送到。我一直不怎么乐意叫外卖，原因是之前叫外卖有过一些不开心的经历，比如很晚送到，饭菜质量比起去店里就餐差多了，分量也参差不均，以及外卖商家根本不管不顾各种备注去迎合你的口味习惯，等等。使得为数不多的叫外卖经历大部分以不愉快结束。

只是再怎么样也得吃饭。找了家看着还不错的商家，也有不少优惠，于是点了份饭菜，特意说了三遍不要辣以及米饭多放点。付款没多久就接到一个电话，是那家外卖商家老板打来的。原来他们店的外卖的蒸菜都是提前做好的，都放了一点辣椒，但不是很辣，问我还要不要。难得有这么负责任的商家，我哪怕是不能吃辣也不忍说不要，于是应了下来。

然后饭菜就在规定的时间内送到，送餐的是个年纪不大的小伙子，送上来的时候外面骄阳如火，他跑得满头大汗，我一边接过东西，一边让他进来吹会空调，他咧嘴一笑，擦了擦汗，说不用了，还有好几家要跑。为了咱的午饭，他跑得挺辛苦的，我就让他等下，去冰箱里拿了瓶饮料，塞给了他。小伙连连道谢，然后下了楼。

这家店饭菜不错，于是后来又点了几次。后面点这家的时候，每次都特别快，而且分量非常足，饭都要堆的满出来。送餐的基本都是那个小伙，有次我问他，为什么送的那么快。他说那家店是他家开的，只要看到是我的订单，他就让店里把饭盒装的很足，然后送的时候优先送我订的饭，然后才去送其他的订单。一边说着，一边友好的冲我笑笑，被晒得黝黑的脸露出一口洁白的牙。

小伙子朝我憨憨地笑，我心里也是满满的感慨。

我以前租住的房子楼下是一对老夫妻，儿女没有跟老人家住在一起。我每次遇到都会跟他们打声招呼。阿姨的腿脚有点不太利索，进出门一般都是由叔叔搀扶着，这时候看到我会帮忙扶下阿姨上下楼，有时候公司发的一些蔬菜水果我就带回来送给他们。两个老人家对我非常热情，叔叔经常在周末爬上一层楼，然后敲我的门，我要是在家他就要我去他家吃饭。白天上班去了，平时晾晒在外面的衣服也是时常掉到楼下，阿姨就帮我把衣服在她家阳台上晾好，晚上我回来的时候让叔叔送还给我。

后来房子到期，房东以为吃准了我不喜欢搬家，漫天加价，非常气愤。叔叔阿姨知道了这件事情，一方面很不舍得我搬走，一方面也不想看到我受气，于是两个老人家在附近到处帮我打听，发动了他们的一些老朋友，最后他的一个朋友的朋友租了套房给我，房子还不错，价格也很便宜。

后来因为搬家离得远了，也就联系的少了，偶有经过还是会去看看那两个老人，他们依然会特别的开心，拉着我陪他们说说话，挽留我吃顿饭，在阳台上目送我离开。看着精神矍铄的老叔叔和头发花白，慈祥和蔼的阿姨，微笑看我远去，我想起了我的爷爷奶奶。每次我离开家远行，爷爷奶奶总是提前帮我整理好东西，然后满眼不舍地看着我背上行囊，登上去往远方的车船。

我一直有一个习惯，小的时候在家乡小城坐公交车，如果可以选择座位，我总是坐在靠近过道的座位上。这样子遇到一些需要帮助的老人小孩们、怀孕的准妈妈们，以及一些手脚不利索的人们，我就能及时给予帮助。做这些事情的时候，我心里并没有想着雷锋精神，想着好人一定有好报。长辈的言传身教，自己的耳濡目染让我觉得这种让座和那些扶老人过马路的助人行为只是一种习惯的本能，我也并没有觉得这多么高尚，最多是一种美好的本能。长辈们告诫我要心怀善意，与人为善，我就这么做了。虽然做这些事情并没有带给我实质性的好处，然而，助人真的可以使自己快乐。

在我奶奶跟我讲了一件事后，我突然间恍然大悟，想明白了好人有好报这个从古至今流传下来的话的道理。

这是多年前的事了，我奶奶有次坐公交车，忘了带零钱，老人家总是这样子，年纪大了，上了岁数，就健忘。上了公交车，她站在投币的箱子那，摸索了口袋半天，也没见着一个硬币。就在奶奶特别着急，都准备下车不坐的时候，旁边座位上的一个女孩子站了起来，掏出了一枚硬币投进了箱子，然后跟我奶奶说，已经帮她投了。然后还招呼奶奶到她身边坐，问奶奶后面还要不要坐车，要坐车还会再给我奶奶一块钱。

奶奶那时候自然是万般感谢，要那个心地善良的姑娘写个电话给她，她事后再找人把钱还给她，小姑娘自然是不肯。后来小姑娘跟我奶奶道了个别，在中途某一站下车了。

后来奶奶跟我讲起这件事，一边夸那个女孩子心地好，一边还说那姑娘长得也特别讨人喜欢。其实这个我更愿意理解为，如果你对他人心存善意，他人会觉得你看着更美。这件事也突然让我悟了，好人有好报绝对的有道理，它不能保证你不生病，不出意外，长生不老，但是它能保证你在遇到困难的时候有其他的人回给予你帮助。我现在给别人让座，然后也有人给我的长辈们比如爷爷奶奶让座，等到将来我年纪大了，也会有年轻人给我让座。如果人人都心怀善意，世界一定会更加美好。

大至国家大事，得道多助，失道寡助，是历史给我们总结的至理。中华几千年文明史就是一部王朝的兴衰史，历史上王朝的更迭无外乎那些原因，其中一个最主要的就是失道于民。当帝王励精图治，心怀天下，心存百姓，王朝就会处在国泰民安的阶段。而当帝王暴戾恣睢，无道于天下，对普通百姓没有应有的善意和爱护，他的江山亦离倾覆不远。

小至寻常民生，为人处世时与人为善，心存善意，即便不能直接带给你利益，也会给你少树敌。在某天你需要帮助的时候，你曾经善意对待过的人，刚好就在你身边向你伸出了援助之手。不说远的，我身边就有件这样的事情。

朋友阿泰在一家小的软件公司任职，是那家公司的骨干。这家公司虽然很小，目前员工也只有30来人，但是却很赚钱。阿泰不仅拿着很高的薪水，年终还会有公司的部分分红，小日子过得优哉悠哉。公司只有三年左右的历史，而阿泰和老板的交情却是好几年。

原来在这之前，阿泰的老板和一位朋友合伙创业，开了一家和现在的公司经营类似的业务，那时候阿泰就是员工。只是阿泰老板的这位朋友（名字叫瑞）不是个好相处的主，也不是个当Leader的好人选。虽然阿泰的老板以及阿泰本人都承认瑞很有才干，然而为人确实非常狂傲，不仅有点目空一切，眼高于顶，而且特别挑剔，脾气不太好，经常找员工的茬，而阿泰现在的老板当时非常照顾他们那些员工。

创业期的软件公司，员工以及领导的压力本身就很大，那时候公司没名气，也没多少渠道，长期没有订单。阿泰现在的老板负责技术部分，经常跟员工同吃同住，努力打拼。而大老板瑞却会在遇到问题的时候各种指责自己的员工。不少的员工能承受外部没有订单，前景暂时一片黑暗的压力，却承受不了内部一把手的各种挑刺和精神打击，于是纷纷离职。两位老板平时也是经常争吵，却无法解决问题，最后阿泰的老板选择了退出另起炉灶。

阿泰的老板从头再来，阿泰闻听消息毫不犹豫辞职来投，同样跟来的同事还有不少，那些以前离职的老同事也有闻讯而来的，阿泰的老板自然是欣然全盘纳于麾下。这样子有了最早的班底，再没有人掣肘以及手头上几年里掌握的一些资源和经验，第二次创业阿泰的老板顺风顺水，公司顺利渡过创业初期的难关然后实现盈利。现在公司的员工虽然不多，规模不大，然而主要的领导团队大部分是多年相随的老员工，非常的稳固可靠，前景一片大好。而此时再回头看之前的那家公司，业已关门大吉。

时至今日，我们早已看厌各种各样的成功学，纷繁的说辞都已烂熟于心，其实成功哪有那么多说法。要成功做起来艰难，说起来却是一目了然。一个领导者如果能一直坚持不动摇的去做一件事，在这个过程中，对待他人总能心存善意，然后得到许多人的善意，那么他也就离成功很近了。

说到成功，想起了严介和的“赔5万不如赔8万”这个写入了美国哈佛商学院的经典案例。客观说这样的选择肯定有着商人的一番考量，然而严介和若不是心中有着这份对社会的善意，他可能会想着用其他的方式去获利。他不会选择以最好的质量最快的速度完成这么一个小工程，从开始的亏五万到后来赔了八万。而若不是这样一个小小的工程，有质量有效率，入了当地地方部门的眼里，获得了他们最大的善意，也就没有后来声名显赫的太平洋建设。

有时候对别人的一点善意，只是我们的举手之劳，而那个获得我们善意的人，也许你对他伸出的善意之手会是将来某一天你的救命稻草。顾荣施炙的故事告诉我们，不要瞧不起身份低微的人，善待你身边的，你遇到的每一个人，也许某天就救了你自己。

我曾经看到一个记忆深刻的街拍视频。视频里一个落魄男子浪迹街头，遇到在吃东西的路人就会说：“嘿哥们，我实在是太饿了，能分我点吃的吗？”那些吃着食物的路人有的很冷漠地摇摇头，有的不理睬，有的甚至咒骂，落魄男子只好继续前行。这个时候镜头切换至另外一处，那边坐着一个戴着连衣帽拿着杯子打瞌睡的大胡子流浪汉。这个时候镜头里走来两个人，拿着大纸盒装着的比萨，问流浪汉要不要比萨，流浪汉连连道谢，接了过来，就坐在地上晒着太阳吃比萨。这个时候，镜头里出现了之前那个落魄男子，他走到流浪汉身边，就坐了下来，问候了下流浪汉，感叹着说生活很艰难。这个时候感人的一幕出现了，流浪汉主动问落魄男子要不要吃点比萨，落魄男子问可以吗，流浪汉一边点头一边递了一些比萨过去，然后两个“同样”落魄的人坐在街头，大口吃着比萨。

看到这里我的眼眶泛酸，对于我们正常人来说，一块比萨，一口吃的完全不算什么，那么多人里没有一个愿意将一点点果腹的东西和别人分享。而对于那个流浪汉，吃了上顿没了下顿，少吃一块比萨也许下顿就要饿得久一些，他却毫不犹豫地向“同样”落魄的人表达了他的善意。

视频的结尾，落魄男子站了起来，向流浪汉伸出了手，流浪汉用没拿比萨的手跟他握了握。落魄男一边说着话，一边掏出了钱夹，将里面的钱都放进了流浪汉的杯子里。落魄男这时候还说着生活不易之类的话，流浪汉傻傻看着落魄男的动作，道了谢，然后突然用手捂住了眼睛。视频到了最后，镜头里是大胡子流浪汉赤着的双脚，垂着头哭泣。好像还配着文字，大意是不要看不起那些善良的人，即便他的身份如此低微。

无论未来的生活会怎样，当时的心情多么心酸，善良流浪汉的小小善意至少让他在将来的几天里不用担心饿着肚子，而另外一个流浪汉则用他的善意获得了更大的回报——一个家，一间遮风挡雨的房子。

这是两年前的一个故事，英国的一个女大学生在外面不小心弄丢了银行卡，身上也没有钱，路遇的流浪汉掏出了全部的身家3英镑，给她打车回家。

回到家后，姑娘非常感动，于是带着同学一起帮流浪汉筹集善款，一共筹集了3万多英镑，帮他安置了一个家。而且目前筹款还在继续，小小的善意不仅帮助了别人，也让自己得到了回报，更因此而帮助到了更多的人。

我从不怀疑人性的善良，即使我们曾遇到很多的丑恶，阳光照耀下终归还是有阴暗的角落，但是这个世界还是好人更多。我也不会去追根究底人性本善还是本恶，但是我们从小就被教导要善良，为人处世要心存善意。贬低别人并不会抬高你自己，反而会使你被孤立。而对人善意诚恳的赞扬，会迅速拉近你和别人的距离，打破心与心之间的隔阂。永远保持心怀善意的为人处世，会让你很融洽的与人相处，很和谐的与人共事，很顺利的与人合作。

我们的生活里充满了太多的争端和吵扰，互相之间的不信任以及恶意的揣测造就了人们相处时的重重障碍。对每个人，每件事多一些善意，坎坷崎岖的路会慢慢变成坦途。最好的为人处世就是心怀善意。心地善良的人总会得到更多人的青睐，一个好人缘也是一份宝贵的财富。善意无分大小，无分身份的高低贵贱，富商巨贾可以心怀仁善，市井小民也能有仗义之举。多怀揣一些真诚的善意，少一些虚假的套路，这个世界真的很美好。

穷困潦倒的流浪汉们尚且如此，那我们呢？

原谅的是别人，改变的却是你自己

幸福的人生都是在别人的宽恕中，也是在宽恕别人中度过的，因为你有一颗博大仁爱的心，你会获得幸福的人生，你的人生是如此快乐而又轻松。

什么是宽恕？马克·吐温曾经说过：“紫罗兰把它的香气留在那踩扁了它的马蹄上，这就是宽恕！”

日常生活中，宽恕并不罕见，也许就在我们身边。公交车上，别人不小心踩到了你的脚，别人说一声：“对不起！”你给他一个微笑，回一声：“没关系！”这便是宽恕。

仔细想想，宽恕确实会使人快乐。懂得宽恕别人的人，心中没有仇恨的担子，拥有很多的朋友，天天都会开心。不懂得宽恕别人的人，整天斤斤计较，算计自己的损失，只会记仇，因此很难开心。

宽恕是心灵盛开的花朵，是善待他人的最好方式，不苛求、不责怨，给别人也给自己一个机会，化干戈为玉帛。

其实一个人过好生活的每一天并不轻松，只有把你的那些痛苦的包袱一样一次次地扔掉，你才会带着快乐轻装前行。

一个漂亮的女孩不幸遇到车祸而成了残疾人，丈夫却在她尚未康复时就残忍地离开了她。她决定割断自己和他过去的联系，不使自己的未来受控于没完没了的怨恨。她看清楚了丈夫是个什么样的人，于是成功地宽恕了他。

这并不意味着她已把心中的创伤忘了个一干二净。她只是开朗地“不念旧恶”，认识到让过去的事情随风而去，兴许是最轻松的选择。

当然，宽恕说起来容易，做起来并不是那么简单。比较需要我们宽恕的，往往是那些伤害过我们的人和事，每当追忆起这些痛苦，心中难免会愤愤不平。

然而仇恨从来不能造成“平衡”或“公正”，它往往会使你陷入越来越痛苦的精神炼狱中难以自拔。它像洪水一样漫延，蒙蔽住人的眼睛。圣雄甘地说得好：“要是大家都把“以牙还牙、以眼还眼”当作人生法则，那么整个世界早就乱作一团了。”

“二战”期间，一支部队在森林中与敌军相遇发生激战，最后两名战士与部队失去了联系。他们之所以在激战中还能互相照顾、彼此不分，是因为他们是来自同一个小镇的战友。两人在森林中艰难跋涉，互相鼓励、安慰。

十多天过去了，他们仍未与部队联系上，幸运的是，他们打死了一只鹿得以维持生命。这一天他们在森林中又遇到了敌人，经过再一次激战，两人巧妙地避开了敌人。就在他们自以为已经安全时，只听到一声枪响，走在前面的战士中了一枪，幸亏伤在肩膀上。

后面的战友惶恐地跑了过来，他惊恐得语无伦次，抱着战友的身体泪流不止，赶忙把自己的衬衣撕了用来包扎战友的伤口。

晚上，未受伤的战士一直叨念着母亲，两眼直勾勾的。他们都以为生命即将结束，身边的鹿肉谁也没动。天知道，他们怎么过的那一夜。第二天，部队救出了他们。

时隔30年后，那位受伤的战士安德森说：“我知道谁开的那一枪，他就是我的战友。他去年去世了。30年前他抱住我时，我碰到了他发热的枪管，但当时我就宽恕了他。我知道他想独吞所有的鹿肉，但我也知道他那样做是为了活下来见他的母亲。

“此后30年，我装着根本不知道此事，也从不提及。战争太残酷了，他母亲还是没能等到他回来，我和他一起祭奠了老人家。他跪下来，请求我原谅他，我没让他说下去。我们又做了二十几年的朋友，我没有理由不宽恕他。”

总有一些人这样认为，只要自己不原谅对方，他一定会因为内疚而沉痛。其实真正痛苦的是你自己，你不能原谅对方，因此你的心情永远处于那种责怪之中，为此你耿耿于怀，为此你郁闷不乐，为此你寝食不安，为此你愤愤不平。

我曾看过一篇题为《苏格拉底与失恋者的对话》的文章，失恋者说他很痛苦，苏答道：“如果失恋了没有悲伤，恋爱也就没有味道了。”失恋者说：“到手的葡萄丢了真遗憾。”苏答道：“丢了就丢了，何不继续向前走，鲜美的葡萄还很多。”失恋者说：“他想用自杀来表示他的诚心。”苏答道：“如果这样你不仅失去了你的恋人，同时还失去了你自己，你会遭到双倍的损失。”

宽恕不但是原谅他人的错，更是让自己从那些伤害自己的情绪中解放出来。著名作家德斯蒙德·图图曾在自己的作品中说过这样一段话：“为过去困扰、折磨、无法解脱，生活品质受到严重损害。无论我们多么有理，我们的不宽恕只能伤及自己。气愤、仇恨、恼怒、痛苦、报复……这一切都是死神的精灵，会像夺去苏西的生命那样，也会夺去我们的‘一部分生命’。我相信，我们要成为全面、健康、快乐的人，就要学会宽恕。”

不懂得宽恕的人，拆掉了他自己也得通过的桥梁，因为每一个人都需要获得宽恕。宽恕不仅仅是给别人，更是给自己的美好生活创造了一个机会和平台，通过和解，相逢一笑泯恩仇。因为，没有宽恕，就没有未来。

努力一点，去过有教养的生活

熟人约我到饭馆吃饭，她因为一盘菜的咸淡与服务员发生争执，声音越来越大引得别人纷纷侧目，外面的天气已经暑热难挡，吃个饭还要生场气好不值得。对方终于答应再换一盘，她还不让把原来的撤下，我不解，她说："你不知道这种小饭馆的素质，说不定就是用这盘再加工一下又端上来了。"我说："既然你知道小饭馆的问题所在，来了又何必那么计较？"她回答："我就是不能惯着他们的毛病！"

一次外出，登机时间看似正点，可当我们坐进飞机内却迟迟不见起飞。前座的女子坐立不安不时找乘务员理论，对方也一直在反复耐心解释，可她越发歇斯底里，一副自以为是的"上帝"模样，我以为她大概是有"幽闭恐惧症"。

结果起飞后看她没事人般地吃吃喝喝，原来也是"不能惯着别人的毛病"，并且卫士般忠于自己的选择。原本已经坐在了头等舱里，一上飞机就有贴心服务，后面经济舱没起飞前根本没有服务，也没听到如此吵闹不休。有钱可以让你享受比别人舒适的条件，可你却选择了如此不舒适的方式也折腾了自己，是不是有些对不起那些钱？

我也不喜欢小饭馆的粗糙和不卫生，但既然去了就不要在公共场合和服务生争执，大不了不去第二回。那天我也在机舱里待了一小时四十五分钟，才见飞机滑向跑道，心里也不舒服，但我受过的教育不允许我对乘务员发泄不满，又因此影响到旁边的乘客。流进血液里的东西会制约我们的思想，限制我们的行为，有些话你说不出来，有些事你也做不出来，这种差距来自内心的淡定和良好的教养。

大部分“不能惯着别人毛病”的人自己就一身毛病，你让别人不快乐的时候，你自己也是不快乐的，甚至是不体面的。我们既不能说一个在社交场合彬彬有礼，而私下总说人坏话的人有教养，也不能说一个在公共场合因为别人的错误，就肆无忌惮讨要说法的人有教养。

教养的本质是对人的关怀，你怎样待人，别人也会怎样待你。而有教养的行为久而久之会让你具有人格魅力，你的社会交往和社会赞许度得到充分满足后，你便为自己创造了一种有助于持续发展的良好人际环境。如此，你又具备了一个人可以依赖的最重要的外在资源之一，健康的人际关系。这首先会让你自己感到轻松快乐，工作上和生活上更容易克服困难，平安度过人生一些最艰难的时刻。

关乎个人尊严和梦想的事情，我们当然要据理力争和努力执着，没事不惹事，事来不怕事，才是一种强者的生活理念。在自身没有毛病之后，你眼中别人的毛病也会越来越少，在你得到很多很多爱之后，你就会越变越温柔，而此种优雅的温柔又是女人最体面的防弹衣。

徐志摩的发妻张幼仪，娘家是当时上海宝山县的巨富，知书达理也嫁妆可观。就在她怀着次子的时候，徐志摩却与林徽因坠入情网提出离婚，张幼仪没有多问一句就办了离婚手续，甚至不要求他抚养两个孩子。她带着一颗破碎的心辗转德国，边工作边学习，也在那里找到了自信，找到了人生支撑点。她说：“去德国以前，凡事都怕，到德国后，变得一无所惧。”

她回国后创办云裳公司，主政上海女子储蓄银行，再次把家族的生意头脑发挥到极致。她精心抚养和徐志摩的儿子，仍服侍徐志摩的双亲，甚至还接济已经落魄的徐志摩后来的女人陆小曼。无论离婚前还是离婚后，甚至徐志摩死后五十多年，张幼仪从不对往事吐露半字，不论顺境还是逆境保持着一如既往的生活状态。那个年代的教养告诉她，既是大家闺秀就必要比旁人承受更多的责任和担当。你可以爱了又爱，最终葬在了风花雪月里，我却可以淡淡的自立不败，这样的情感与教养，世间无人能敌，更让男人汗颜。

所谓教养，就是我们选择做更好一点的人。而有教养的生活，就是你外在的言行要和内在的修养高度一致，时时处处做到表里如一。小处看是你出门光鲜靓丽家里一尘不染，一个人也会好好吃饭，努力追求爱情和梦想，以便不早早丧失生活的勇气。

大处说你外在对人关怀宽容内在对己严格自律，即便生活给了你一副最糟糕的牌，你也不抱怨不退缩再漂漂亮亮打出去，你从不在外人面前失去体面，更不在家人面前失却温柔。生活的苦难谁都会经历，你的与众不同，就算苦不堪言也能抽身而出片刻，去享受生活美好的一面，不拧巴自己的心态，依旧愿意相信并且善待别人。一个人的高贵也就在于此，举重若轻不动声色，保持自己有教养的生活。

所谓生活品质，就是根据自己的经济条件，追求最好的事物。良好的生活品质会培养你个人的生活品味，这种求好向好的精神，又可以丰富你的内心世间，创造出更多的愉悦与爱。生活品质不是攀比出来的，而是用你的教养，你的努力，你的宽容，你的人品，在浮躁薄凉的社会里拼出来的，因为独一无二，所以弥足珍贵。

姑娘，如果你选择了做更好一点的人，那就再努力一把去过有教养的生活。这种生活不需要别人下定义，甚至不需要让不相干的人知道，你只要坚持做最忠诚的自己，安静又骄傲地绽放在自己的春天里。

你的涵养越高，越会注意细节

有人说，社会复杂，人心难测。其实，很多时候，一些小的细节就能体现出这个人的道德品质。

当电梯还在进人却将要关上的一刹那，那只一直按着开键的手；当你站在台上紧张得一时语塞时，那个充满鼓励的微笑；在每次约会时，那个为了不让你等，设置成提前五分钟的手表……

在细节处有涵养的人，其实就是凡事都把对方考虑在心里，注重细节的人。他们常常站在对方的角度去思考问题，绝不会自私自利。

约会时，男友记得你爱吃甜，不吃辣，在点菜的时候都有所注意；记得你无意中所说的小愿望，并努力帮你实现；每次打电话都会等你先挂了，他才挂掉。工作中，同事细心地帮你检查出了你文档中容易忽视的小错误，提醒你改正过来。逛街时，朋友一直让你走在马路内侧，把吃完的饼干盒拿了一路，直到找到路边的垃圾桶才扔掉……这些微小的细节，常常让人感动，也让生活变得更加美好。

很多时候，好的习惯和涵养是与家庭的培养以及父母的言传身教分不开的。父母的道德修养在一定程度上影响着孩子的品行和素质，而孩子懂文明讲礼貌也是父母平时注重礼节的侧面体现。一般情况下，父母的教养水平不高，孩子的也好不到哪儿去。

过年的时候，一家人一起吃饭。刚上两个菜，小侄女就拿起筷子要尝，被嫂子立马制止住，呵斥道，“爷爷奶奶还没上桌，你怎么能先动筷子？”弄得一旁正一边往碗里挑好菜，一边呼唤自家小宝贝赶快过来吃的弟妹不免自惭形秽。

同事小雪跟我抱怨说，这两天被邻居吵得一直没睡好。

原来，小雪楼下新搬来的小姑娘，每天半夜三更才从外面回来，高跟鞋在地上使劲儿地踩出声响，生怕左邻右舍的不知道她的存在。到了家门口，也不掏钥匙开门，照着门就是一顿猛敲。小姑娘的妈妈起来给她开了门，她又狠狠地摔上门，震得周围邻居家的门都一阵颤抖。

这还没完，小姑娘回到家还不睡觉，又开始跳起绳来。小雪是个软性子，在我这吐槽归吐槽，戴上耳塞忍忍也就算了。

再后来，听小雪说，小姑娘的妈妈养着好几只狗，见人就狂吠不止，还经常把狗便拉在楼道里。一次，他们家的狗把大便拉在了一户人家的门口，那家人刚一开门就踩了个正着，气得直接冲到小姑娘家给小姑娘和她妈妈是一顿教训。从那以后，那家人便有所改观，楼道里再也没有随处可见的狗便和惊扰梦境的脚步声。

如今的“细节决定成败”说，“细节打败爱情”论，归根到底都是从细微之处见人品的延伸产物。许多人外表光鲜亮丽，人模狗样，但往往在细节处败露了真面目。

所以说，衡量一个人的好坏，要看他在知道没有人观察他的时候他在怎么做。这也是很多公司面试时常用的考核手段。当然，这同样可以用到我们的生活中。

如果一个人喜欢偷偷顺走公司多余的办公用品，那么他多半是个贪小便宜的家伙；如果一个人有事没事就八卦别人的隐私，那么这个人便不必与之深交……

涵养的提升需要从点滴小事开始，每一天的日积月累，每一次的举手投足。当你递给别人剪刀的时候，请把锋利的一头对着自己；当你答应了别人会帮忙的时候，请一定要记得兑现承诺……

正所谓，己所不欲，勿施于人。我们可能无法要求别人做到什么，但我们自己一定要努力做到。

选择做个更好一点的人

微博上看到过一个热门话题，一个网友自己家里收藏的价值上万的手办，被亲戚家来玩的孩子给全拆了，不知道该不该跟孩子的家长要求赔偿。那段时间网络上一片对熊孩子的讨伐，各种义愤填膺为主人公出谋划策该怎么治一治这一类孩子。

我总是会想太多，种种发散到将来万一自己有了孩子以后该如何养育他，因为我身边很多亲戚的例子都告诉我，小孩都是捣蛋鬼，没有一个是不淘气的。

听到这个说法，一开始我很震惊，因为据我妈说我一出生就是那种很安静的孩子，按时吃饭睡觉拉撒，也是因为这样，所以我害怕自己不能面对养育以及教导孩子这一关。

我又睡不着了。

于是我跟死党讨教，死党就回了一句："你想多了，很多熊孩子之所以成为熊孩子，是因为他们在出生之前自己的父母就已经是这个社会的熊孩子了。"

啧啧，听完这一句，我释怀了，于是睡过去了。

我工作的第一家公司是个大集团，公司的茶水间很大，每天早上刚到办公室的那半个小时，茶水间很是热闹，年轻人喜欢泡咖啡，年长的姐姐们喜欢泡花茶，每次洗杯子的时候，他们总是喜欢把杯子里前一天的茶叶跟各种花茶叶还有枸杞红枣，直接往水槽里一倒，不用几个人，水槽就堵住了，于是有人开始大喊："清洁阿姨，你倒是过来啊！"

清洁阿姨正在清洁厕所，于是赶忙出来，用手把茶叶一类的东西掏出来，冲洗一下水槽。

结果下一拨人来清洗杯子，不一会又堵住了。

有天我用一个Word打印出一张告示：麻烦大家先把茶叶倒进垃圾桶里再清洗杯子，多谢合作，祝你今天有个好心情！

告示果然有效，第二天早上水槽堵住的情况少了很多。

可是没有持续多久，又回到原来的状态了。

同事YOYO给我出了个主意，说你在告示上面写上"倒茶叶进水槽的人都是猪头"，我说不合适，而且行政办公室也是不允许这样的，这跟那个厕所里的标语"尿不进说明你短，尿不准说明你软"是不一样的使用环境。

所以，这一次的温馨提示就以失败告终了。

公司中午包午饭，聘请了一家餐饮公司，每天都会把菜送到办公室门前的大走廊，午饭不是盒饭，而是十几个大菜盘摆在那里，大家自己拿碟子去自助取餐。

每天到中午十二点半，就是大家陆陆续续差不多吃完饭的时候，餐饮公司提供了两个很大的箱子，用来收集用过的餐具，大部分人的习惯是把剩下的米饭先倒进垃圾桶，然后再把碟子放到箱子里。

有天看到一男生，连饭带菜外加一碗没喝过的汤，直接一股脑丢进了箱子里，外加还丢了一大团刚擦过嘴的纸巾，纸巾被泡进汤汤水水里，马上就融化成一小坨一小坨的，菜油在上面漂浮着，我那天看到这一幕，差点把刚吃的午饭吐了出来。

接下来几天，那个男生依旧如此，有天我实在忍不住了，于是半开玩笑说到，×××你怎么懒成这样呀，垃圾桶就在旁边，你把剩饭剩菜倒进去了再放碟子也行呀！

我以为他能听懂我的话，结果他哈哈一笑，说道："我要这么勤快，那清洁阿姨就没活干了啊，她是要失业的呀！"

我心里一片震惊，因为他是他们部门老大亲自面试进来的研究生，工作起来风生水起积极热情，甚得领导喜欢。

有天早上茶水间装开水，一个年纪大的姐姐装了半杯开水，打算用来清洗杯子，摇晃了杯子几下之后，她不想走到水槽边倒水，于是隔着好一阵距离把开水泼了过去，结果直接泼到了后面的清洁阿姨身上！

姐姐大叫："你干吗啊！在这挡我！"

清洁阿姨赶忙道歉，说正准备走过去清洗水槽。

姐姐踩个高跟鞋咯咯地离开了，脸上一副今天倒霉到家了的表情。

清洁阿姨走进厕所，蹲在角落里，拉起裤脚看自己的脚踝，红肿了好大一片，我跟着进去看见了，触目惊心，建议清洁阿姨赶紧去看看医生，阿姨说走不开，保洁就她一人，临时找不到人可以替代。

我说我去跟人力同事说一声，阿姨赶忙拒绝："你要这么一说，我可能工作都保不住了，谁会信是你们那个女同事干的呢？"

我很难过，清洁阿姨用凉水不停地浇着烫伤处，然后用一块抹布稍稍包扎一下，就继续干活了。

三个月后，扔饭菜的那个×××适应期刚过要转正了，因为我们两个部门之间有工作交叉接触，所以人力同事让我给他做一个评价，我直接就写了一句：我不认为此人可以很好地处理目前的工作。

我心想着还有很多人给他评价打分，我的评价也不会有多大的分量，结果几天后，这个男生被辞退了，他走的那一天还跑去跟自己的直系领导求情，说自己很委屈，莫名其妙就这么被赶走了，太不公平了。

我于是去打听，原来好多同事写的评语跟我一样，还有写得更狠的，有一老同事吃饭的时候跟我们透露：我不管他工作能力怎么样，就他中午吃完饭那样，我就不喜欢这样的人。

本来我觉得自己太偏激了，没有客观公平地去对他做出职业评价，结果听完老同事这番话，我反而心安理得了。

而且这也是我第一次真正意识到，身在职场，你的一举一动，别人都会看在眼里的，别人不提起并不代表他们不在意，但是一旦在关键时刻，你种种所作所为的积累口碑，就会在那个关口，显示出不可思议的力量来。

我来自南方城市的一个小城镇，因为处于江河边上，每年夏天家里都会发洪涝，所以我们家家户户都会有一条小船，用来防止洪涝水淹没到大街上。

记忆里很小的时候，有一年洪水来得特别猛，大水把小城镇很远处的山坡都推翻了，我们家家户户都提前把家里的一切东西搬迁到了二楼。

果然，一夜醒来，稍微低一点的第一层房子都被淹没了，夸张的是，很多不知道从什么地方漂过来了一堆鸡鸭鱼，一大片一大片，场景很是壮观，附近的人家都一片欢呼划着小船出去捞鱼，白花花的一大条，估计是哪家的鱼塘被推翻了，要不然不会有这么大的个头。

洪水到下午还没有退去，而且又漂过来新的一轮东西，近了仔细才看清，原来是好大两只母猪，我哥说时迟那时快，赶紧就把两只猪就搞定了，赶到角落里，把两个在我当时看起来巨大的动物安抚好。

第二天洪水退去，前一天我们邻居们捞上来的鸡鸭鱼都拿去集市上卖了，我们家那两只庞然大物，嗯，就是母猪，还在角落里待着，不一会有人来我们家问询，说你们把猪给我吧，我给你们一笔钱，我妈想了想就拒绝了。

等到了晚上，终于有人来到我们家找猪来了，原来猪的主人就是不远处一户人家的，他们的儿子居然是我哥的班上同学，而且是很好的哥们，我哥的同学家境不好，于是来找这两头猪的时候特别焦急，到了我们家，死活要给我们家一点钱表示感谢，我哥二话不说就把钱还回去了，然后陪着同学把两只猪赶回了他们家。

很多年过去了，我一直记得这个画面，那也是我人生第一次明白，教养和家风这件事，跟家境一点关系都没有。

记得蔡康永说过一件事，他的父亲还在上海居住的时候，去理发店剪头发，那个时候上海已经开始流行有洗剪吹外加按摩的发廊了，蔡康永说自己的父亲总是会带上一些吃的小物件给帮他按摩的师傅，有时候还有从国外带回来的护手霜。

我现在上班的互联网公司，认识了一个关系很好的姐姐，这个姐姐以前做服装生意，在一家服装品牌店做到了管理层，因为想尝试一下互联网的环境，于是她来到了现在这家公司。

这件事情让我很是感慨，然后想起明道副总裁许维说过的一番话：人品是一个杠杆，它能够成倍的放大你的价值，也能成倍减少你的价值。

嗯，在这个大数据时代里，圈子小到你意想不到，口碑传播的速度也快到你意想不到。

在我们这样的互联网公司，很多时候为了创意，或者在团队头脑风暴的时候，总会出一些脑洞大开的点子。在我的团队里，也有一些很喜欢脏话连篇的同事，我承认这里有组合词汇、描述细节和发挥创意的空间，但这只是针对工作本身而言，但是或许是用多了，他们也延伸到了生活当中，每每平时聚餐之时，总是难免这些节操有些过火的言语，久了以后，我就不爱参与这些人的饭局了。

我还不知道怎么实践近朱者赤，但是我先尽量避免掉近墨者黑。

前阵子读到一篇文章，作者刘主编说日本有一种文化，叫作“不给别人添麻烦”的文化，比如不小心把水洒在了地铁座位上，即使下一站就要下车，也要想办法擦干净，这样下一位乘客就不会觉得麻烦。

我想到了我们平常出去吃午餐后自己会把餐具放到回收处，想到了每次下班回家的时候先把自己座位区间的空调先关上，每次坐车无论是计程车司机还是滴滴Uber专车，我都会在下车时问候一声：“师傅我上楼了给您支付，麻烦您了，谢谢。”

我朋友告诉我，他们公司专门配备有一个休息区间，是给快递员喝水吃饭用的，这样的企业文化，我很是羡慕。

关于别人，我想到了上班坐电梯的时候这一批人太多，总有人先帮忙拦住电梯门，让我们不慌不忙地走出去；我的男生死党每次抽烟的时候，都会先问过我们一声同不同意；还有我的闺蜜每次吃完东西剔牙，她都会拿一张纸巾遮挡住自己的嘴巴。

这些人，无论是在人群中还是自己一个人待着，感觉他们的心里都有一面镜子，时时刻刻照亮着自己，即使他们不知道，在照亮自己的同时，其实也照亮了很多像我这般敏感而较真细节的人儿。

嗯，我一直知道这一点，在我那个小小年纪，深深的童年记忆里。

我的前同事静静的微信签名是“to be a better me”，我觉得用在这里很合适，所谓教养，简单了说，就是不管你的出身和背景，你都可以选择做个更好一点的人。

最能吸引我的是你的教养

你问我：你爱我什么？

这个问题还真有点儿问倒我了。

想一想，答案并不绝对。外貌？身材？工作？收入？好像都不是。

爱源于吸引。

最能吸引我的一点，是你的教养。

[1]

坦白几个小故事吧。

大学时，对一个男生颇有好感。他高高帅帅，研究生即将毕业，据说当初是以全省第三的总分考出来的，年年拿奖学金，还是校三好学生。

某次同学们约好聚餐，我在一旁，听他在那里打电话订饭店。

“喂，是××饭店吗？我们今晚七点要订一个十人的包房。”挂断了又继续拨号，打给另一个饭店：“喂，是××饭店吗？……”

我有些奇怪，等他打完几个电话忍不住问他：“怎么？前几个饭店都没位置了吗？”

他愣了下，笑道：“都有位置的，我就是想多订几家，反正订位不花钱，不管我们临时想去哪家都没问题。”

说完还自认机灵地眨了眨眼睛，周围几个人也都没有说话。

毕业以后，我们再无往来，自然许多事情也没有下文。

有趣的是，许多同学也不再与他联系，仿佛从未存在过的优秀生，再聚时竟都无人提起。

一家饭店生存并不容易，如果每个客人都打来电话却爽约，因此耽误掉的生意无法想象。

店家允许客人不付订金便留位，这是信任。而肆意消费店家的信任，爽约、欺骗且毫无歉意，却是缺乏教养的表现。

见微知著，能这样对待一家饭店，自然也可能对待朋友、爱人、同事，甚至未来的客户。

即使读研读博，文凭一把，也不会被人所欣赏。

徒有教育，是构不成教养的。

教育和修养，加到一起，才是教养。

[2]

还有一次，朋友介绍一位相亲对象给我。

我们约在某咖啡厅，对方一身名贵行头进来，彬彬有礼地握手寒暄，笑容满面。

就座后，他兴致勃勃边吃边聊，说自己在世界各地旅游的见闻，瓜子皮吐得满地都是，谈到兴起还点起香烟。

服务生客气地提醒这里不能吸烟，他顿时一脸怒气。

“抽根烟你们这里会起火吗？大惊小怪！”

上来一盘糕点，还没等吃，他叫了起来：“哎呀！有虫子！”定睛一看，果然，盘边有一只小飞虫。

倒霉的服务员连忙小跑过来，一脸惶恐地连连道歉，说可以免费更换点心。

他冷笑："第一次就有虫子，谁还敢吃你们换过的点心？我告诉你，今天我已经没有胃口了，除非你把这虫子吃下去！"

服务员说："对不起先生，那我们给您原价退掉，再送您一杯免费咖啡，可以吗？"

眼看小姑娘眼泪都要下来了，我连忙劝说："算了算了，又不是蟑螂之类，大约是不小心飞进来的。退掉就可以了。"

他忽然大吼起来，把咖啡厅里所有人都吓了一跳，我也愣住了。

他愤怒地指着服务员大骂："你是不是听不懂人话，我让你把虫子吃下去！"

经理也跑了过来，连声劝解，最后说可以整餐免单。服务员也在不停地擦眼泪、鞠躬，他居然还是不依不饶，非要服务员吃下那只虫子。

我忍无可忍，扔下餐费起身就走。

回家后我对介绍人说：以后永远不要再提起这个人的名字。

有钱不等于有教养。轻言细语，鞠躬道谢的人，一定比身着华服却逼人吃虫子更值得尊敬。

有见识也不等于有教养。终生囿于小城镇，却彬彬有礼，尊重他人，一定比走遍世界各地还不知道公共场所严禁吸烟的人，更值得喜欢。

[3]

然后，来说说你给我留下的那些琐碎记忆吧。

我们的第一次约会是圣诞节。

那天各种饭店人满为患，于是只好跑到大排档打包了几个菜，两个人坐在街头长椅上边聊边吃。

那天我胃口不好，剩了一些饭菜。你接过去，把饭菜单独收在一个袋子里，又把啃过的骨头、鱼刺和一些垃圾放在另一个袋子里，找到垃圾箱，系好了，丢进去。

我有些纳闷，说反正都是要丢的，放在一个袋子里不好吗？比较环保啊。

你说分开放比较好，万一有流浪汉翻到了，饿了，想吃就可以吃。但是如果把垃圾倒在饭菜里，太脏了，可能他就吃不下了，想想那样的画面有点儿不舒服。

我见过许多人，他们会把抽过的半支烟按灭在吃剩的饭里，也往菜盒里丢擦了鼻涕的纸巾，还往火锅里乱倒一些脏东西。这看起来似乎也没什么错，毕竟是垃圾，迟早都要丢掉的，有什么问题呢？

你的解释却打开另外一扇温柔的窗户。下意识地体贴和关照未曾谋面的另外一些人的人生，这样真好。

[4]

还有一次，我们带着你的小外甥女一起去买饮料。

站在冰箱前，小女孩咿咿呀呀伸手就要去拉开冰柜的门，你却连忙抓住她的手。

“囡囡，你要选好了才能开门，这是规矩。”

她点点头，缩回了手。一大一小脸贴脸，隔着冰柜开开心心地选了起来。

结账的时候，小女孩看着手里的盒子，皱着小眉头奶声奶气地说：“舅舅，这个豆奶我又不想要了，我可以放在这里吗？”

你立刻把她手里的豆奶接过来，转身往超市里面走，轻声说：“囡囡，不想要的东西一定要放回原位，不能给别人添麻烦。”

“好的。”她甜甜地答。

我忍不住回过头去望向你们的背影。

那天你只穿了一件简单的黑色T恤和破洞牛仔裤，却像极了一位中世纪骑着白马的优雅贵族。

教养与教育无关，与读书无关，甚至与家教也无关。

它是一条无形的分界线，在线上者，懂反思，懂礼节，不激进，不偏执，举止得体，气度从容，心怀善意和尊重。

所以亲爱的，你问我爱你哪里？

也许哪里都有，也许只有这里。

我爱你在双方发生争执后，冷静下来反省自己是否也有责任。

更爱你在我遇到挫折、身心俱疲时，不拱火，不添乱，心平气和地抚慰所有的伤口。

教养让一位伴侣成为对方的港湾，而不是风浪。

我爱这样的你，也爱这样与你相处的自己。

[5]

当然，不一定所有教养良好的人都一定有完美的婚姻。

但母亲曾说过一句话——嫁给教养，便是嫁给一种保障。

即使彼此之间没了爱情，最多无非好聚好散，各安天命。有教养的两个人，不会撕破脸皮大打出手，更遑论家暴甚至更不堪的结局了。

所有的别离只应归咎于命运，不应起源于品行。

教养，决定了生活的底线。

在这条底线之上，我们才有余地谈生活。

我们不一定要嫁给爱情，却一定要嫁给教养。

高声叫嚷的，是内心虚弱的人

中国的大智者老子说：“夫惟不争，故天下莫能与之争。”这可是一个充满大智慧的做人与做事的哲学。要想高成，不妨低就。海之所以能装那么多水，是因为它的位置最低。位置最低！原来大海是以其最低成就其伟大的！

低调做人而成功的名人事例很多。三国时的刘备，放下身段，三顾茅庐，连关羽和张飞都看不惯他这样做，寄人篱下，隐忍发奋，最终成就大业。诸葛亮躬耕南阳，姜子牙垂钓渭水，越王勾践卧薪尝胆，世界首富比尔盖茨，他做了那么多的慈善，自己却连司机也没有。

在低调的人看来，低调做人能使自己站得更稳，看得更远。山不言其高照样耸立，人有本事不张扬才是高境界、大智慧，低调处世的原则也会有更保险的人生。低调做人办事，从来不把自己太当回事，才能不断地充实、完善自己，缔造完善人生。谦逊能够避免给别人造成太张扬的印象，这样的印象恰好能够使你在生活不断积累经验与能力，最后达到成功。

那么，人生姿态深藏不露保持低调，应该从不盛气凌人有哪些含义呢？个人理解认为具体有以下：

深藏不露从不盛气凌人的人，懂得时常反思自己。

“‘人’字，一撇，一捺，说起来容易，做起来难。”这句话是一位哲人说的。的确，因为人无论如何也不能做到完美，金无足赤，人无完人。说的就是这个道理。

低调是一种显示为柔弱，但是比刚强更有力的生存策略。低调的人表面上常常给人一种懦弱的感觉，但低调绝不是懦弱的标志，而是聪明持久的象征。因为只有低调，更能成大事，铸就辉煌。

人无完人，人就需要不断地自我完善，只有不断地进行自我完善才能进步，才会随时代一起创新，一起进步。为了不断完善自己，人们就需要学会自我反省。

低调的本质是一种宽容。低调者首先放弃显耀自己，不愿将自己强过别人的方面表现出来，这是对其他人的一种尊重，对不如自己的人的一种理解。低调的人相信：给别人让一条路，就是给自己留一条路。

低调的人，一定是随和的人。他不会装腔作势，摆出一副盛气凌人的臭架子，令人敬而远之。一个有智慧的人，总是笑容满面，一个愚蠢的人，总是寒气逼人；智慧的人，总是记住别人的名字，愚蠢的人，总是希望名字被别人记住。

低调的人，一定是个平静宁和的人。淡泊以明志，宁静而致远，一个懂得宁静致远的人，一定是个智慧的人。为什么君子多宁静？是因为君子有容人的雅量，懂得宽以待人，严于律己。心态好了，一切都好了。为什么小人多烦恼？是因为小人处处计较，君子是向内求，懂得时常反思自己，忏悔自己，而小人只会向外求，主观不努力，客观找原因。看不到自己的不足，因而常常抱怨和后悔。所以说，内心越深邃丰盈，表面越淡然安宁，内心越肤浅，表面越浮躁不安。

低调就是不张扬，不炫耀，无论自己事业有多么辉煌，无论成就有那么伟大，无论学问有多么渊博，总认为自己不过很平凡。低调并不是没有高调的资本，而是有了这个资本，却更懂得拥有一颗平常的心，知道任何时候都要去隐忍。

深藏不露从不盛气凌人的人，拥有足够的底气。

俗话说的“木秀于林，风必摧之”，“枪打出头鸟”，“出头的椽子先烂”，“是非由于多开口，烦恼总为强出头”，都是在教化我们要低调做人。这些老话的消极因素暂且搁置一边，积极因素却不无道理。

儒家的思想中，低调的主要内涵就是虚心听取他人意见，对其中不善和有过错的言论能够给以低调的处理。接下来，对于对立两端的不同观点、看法，能够知道最恰当的度量界限在哪里，并利用这最恰当之点即对“中”的把握来治理民众和国家。儒家的低调是一种手段，是一种虚心听取和吸收他人意见的心理状态。

低调是隐藏自己的能力不显示出来，表示一种谦虚谨慎的态度，不张扬。低调前提是你要有能力，要有足够的内涵。但生活之中，有很多人不得其要领，总是喜欢凌驾于别人之上的高姿态。不低调，一次平常的交谈会变成争执；不低调，一次普通的聊天也会显得咄咄逼人；不低调，万事都想占上风，迟早会坠入自己给自己挖掘的陷阱，成为别人躲避不及的“孤家寡人”。

如果说，好人是这个世界上的灵魂，那么低调的人，就是成就这个世界诸多美好的一片沃土。低调的人，犹如茫茫沙漠里的一方绿茵，清爽宜人，给人希望，赐人清凉。低调的人，是一道迷人的风景，让你流连忘返，回味无穷；低调的人，是一面明镜，让你看到自己的不足，同时，也读懂了人生。

在低调方面并不是像想象的那么简单，人要有足够的内涵，如果你的人生阅历都还不够多，那你的内涵又从何而来，我觉得人都是慢慢长大的，当你经历的事情多了，处理的事情多了，慢慢地你也就懂得了怎么做人，什么时候该沉默，什么时候该放肆。并不是你想低调就能低调的，其实不论做什么，自然一点就好了，无须太沉默，亦无须太张扬。

深藏不露从不盛气凌人的人，心态平和最重要。

一个人的本领大小，不在于能力的强弱，而在于能否和谐大众。合众的要领，姿态不能太高，行事不能太孤傲。要懂得客气谦逊。行事低调的人老成持重，不会虚浮夸大，只凭自己的实力按部就班，稳扎稳打。因此，低调的人容易成功。

尽管社会分工千差万别，生活本身并不完美，人的素质，能力和机遇也各不相同，谁都会遇到成功的喜悦和失败的沮丧。但不论碰到什么，我们都最好以平常心来面对，不必喜形于色，不必急功近利，更不必在遇到困难和挫折的时候悲观绝望，失魂落魄。决定一个人幸福与成功的关键，就在于他是否能真正低调做人，就在于他是否能常常保持一份轻松，随性，乐观，洒脱的好心态。

在强调自我和个性的时代，更不能忘记如何去低调做人，这样方能更好更顺利地充分发挥自己的个性特点，辉映自我的亮色，最大限度地开发自身的潜能，成为符合生活需求的自我现实之人。必须在每天的生活中寻找现实的东西，随时准备做出不同的选择，来开辟一条自认为可行之路。低调做人，让自己拥有一个好心态，那就是什么也不能带走每时每刻的好心情。

人生在世，常常产生想解释点什么的想法。然而，一旦解释起来，却发现任何人解释都是那样的苍白无力，甚至还会越抹越黑。因此，做人不需要解释，便成为智者的选择。那么在当今社会，与人相处，我认为关键是要学会低调，时常保持一个好心态。

深藏不露从不盛气凌人的人，事事不惹人注目。

做人应该要低调，文静，优雅，因为高调做人表现出骄慢、卖弄和过分张扬的姿态来，那弄得不好变为枪打出头鸟，失之交臂。低调做人不惹人注目，把自己看作是社会上普普通通、实实在在的一员。这不仅是一种做人的标准，也更是一门做人的艺术。背地里有人羡慕，有人称赞，也许人缘会更好！

人的命运掌握在自己的手中，脚踏实地地追求，必将引渡自己抵达圆满的彼岸。低调的人也不缺乏自信，只是对自己有一个清醒的认识，不愿为时过早地轻易下结论，不愿对事情的发展进行盲目乐观的估测。

低调人会像梅花一样的去磨炼自己的意志，不与群芳争艳。这并不是自命清高，而是把一切都看得平淡，与低调的人相处，你会懂得。谦卑是一种智慧，修养是一种素质。是为人处世的黄金法则，而懂得谦卑的人，是一份金钱都买不来优美的静怡和高贵的平和。

其实，我们所有的不堪和烦恼，只是自己杯弓蛇影的自恋和自虐而已，所有的担心和疑惑，全是自己的原因。在别人的心中，自己并不是那么重要呀！只有以平常心面对人生，才会有平常的生活，才会有真正的成功和幸福。所谓：平常心是道，天酬人愿是道。没有不经历风雨的人生，没有不需要努力的成功，无为而为方是事业之本。一颗虚荣的心，将制造人生的悲哀。一颗好高骛远的心，将永远不知自己是谁。

深藏不露从不盛气凌人的人，处处博大低调。

真正有大智慧、大才华的人，必定是低调的。智慧和才华像悬在精神深处的皎洁明月，早已照彻了心性；懂得管理自己的情绪，始终能够处变不惊，用平和的心态来看待世间的一切。行走在尘世间，眼神是慈祥的、面容是和蔼的、腰身是谦恭的、心底是平和的、灵魂是宁静的，是所谓“大智慧——大智若愚，大才华，朴实无华”。

低调的底色是谦逊，而谦逊源于对生活的通透。在低调的人看来，没有什么值得炫耀，也没有什么可以一辈子仗恃，唯有平和、平淡、平静，才能抵达生命的至美之境。于是，他们放低自己，与世界恬淡地交流。故意做出来的，不是低调，是低姿态；矫情装出来的，是假低首下心。真正的低调，是内在心性的真实呈现，无论身处闾巷还是庙堂，绝不改变。

高声叫嚷的，是内心虚弱的人；招摇显摆的，是骄矜浅薄的人；上蹿下跳的，是奸邪阴险的人。他们急切地想掩饰什么，急迫地想夸耀什么，急躁地想篡取什么，于是，这个世界因他们而咋咋呼呼，而纷纷扰扰，而迷乱动荡，而乌烟瘴气。这些虚荣狂傲之辈，浅陋无知之徒，像风中止不住的幡，像水里摁不下的葫芦，他们是不容易沉静下来的。

你尽你所能独立，我们尽我们所能保护

如果你想来这个故事里，看看“白富美”或是都市名媛的成长经历的话，很抱歉，不会有。

我对“富养”二字的定义是——在成长过程，父母想方设法不让孩子感觉到为钱所困。

培养精神和物质的双重独立：你尽你所能独立，我们尽我们所能保护。

我第一次赚钱是四岁。

当时我在学儿童画，画技尚且拙劣。父亲就鼓励我去投稿一个省报的小画手板块。那个板块里所有的小画手都比我年纪大，但父亲说，选上的小画手，会定期收到这个栏目送的麦当劳套餐。

那时候麦当劳套餐还是蛮少见的，一个汉堡就十几块钱，何况还是套餐。

“从今天开始，你的麦当劳都要靠自己来赚”。我当时就被灌输了这个概念，所以天天画，每周末绘画课上画，结束了回家继续画，当然有时候也为了方便，偷偷临摹绘画书上的内容，幸好画技不高，与原画相似度不高才没被发现。

结果，四岁的我在那家报社做了两年“小画手”，整整吃了两年的周末汉堡。后来，麦当劳还特意办了活动送我们大玩偶。

小学六年级拿到第一笔稿费，三十八块，稿费单寄到邮局，一家人带着我兴高采烈地去取。我妈交到我手上告诉我：“这是你自己赚的钱。”

小学时第一次靠演出赚到零食、饮料、玩具，家里也会说：“这是你自己的收获。”

我妈从来没有用这些拿去给人炫耀，女儿有多棒。甚至逢年过节，在亲戚们招呼自家孩子才艺展示时，也从来不强迫我进行表演。

但少年懵懂初开的时候，没有保护的独立是很可怕的。这时候，“富养”的作用就开始慢慢体现出来。太早的独立肯定是会有疤痕的，“富养”是避免和淡化疤痕的一剂良方。

学生时代，我开始接一些额外的演出。

曾经有一次大冬天，在商场的天井里商演，穿着演出服，几个姑娘冻得直哆嗦。

结果等拆台的时候，全部人都傻了：我们找不到付钱的人。

我那时候自以为很独立，不曾找过家长。也自以为和找我们来的人关系甚笃，便自顾自“不签合同，只做了口头约定”。

那一夜寒风真的吹透了我。

我也不记得我们几个是怎么哭着给家里打电话，说自己回不了家，在市郊的某某角落。各自家长都把孩子拎小鸡一样拎回去，只有我爸，什么话都没说，就提了两个字。

“回家吧，那点钱不要就不要了。”

中学的时候，我自己拿着书后备注的邮箱，联系出版社。中间花了无数时间接洽，却在三审环节卡在了选题终审的阶段。

我在知道结果的时候没理由地大哭，就好像耗费的无数心血都被掏空了。

我妈说：“多好，有是一次经历，如果影响了考试，就报个辅导班，下次考好就是了。”

如果不是“富养女”的家庭，以上的任意一个打击都足够让我一蹶不振。

至今为止，我大概有十几次的独自旅行，虽然行程安排不够紧凑，但随心所欲。每次自由行，几乎都十天半个月，父母会定时全程电话视频联络，确保安全。至今为止最骄傲的，是大学里的学费、生活费全部是自己赚来的。没有钱旅行，我就想尽办法赚来许多免费旅行，去面试，跟着很多剧组拍摄、剧团巡演。十八岁到现在，无论是吃喝穿用，还是旅行，我没有再花过家里一分钱。

从“开始想要独立”到“真正的独立”是需要漫长过程的。每个孩子都是先摔跤再学会站立。早日具有独立的意识，会影响之后的人生，而早日开始独立，真正在付出的不是孩子，而是家长。

强迫孩子独立，却不给予保护或是无力保护，是父母的个人选择，也不值得批判。但“富养”的家庭可以提供一种“处变不惊”的心态，在蹒跚学步时伸出强有力的双手，做摔倒的肉盾。

学习与兴趣：允许你广泛玩票，但一定要拥有至少一个能陪伴你终生，并能从中收获恒久成就感的爱好。

小时候看幼儿园老师弹钢琴觉得很羡慕，下课母亲去接我时，总要在钢琴上摸两把才肯走。母亲看到就征求我的意见，问我要不要学钢琴。

四岁的我还够不到键盘，老师就在钢琴椅上垫非常厚的辞典，每次上完课都硌得屁股通红。

初学用的是《约翰·汤普森》系列。我小时候是个过动儿的性格，加上弹琴只是一时兴趣，枯燥乏味的练习和那总硌着屁股的琴椅，让我很快就生厌了：为什么周末别人都在玩，我却要去老师家学琴？

我妈起初用毛笔写了个“忍”字贴在钢琴正对面的墙上，后来我的厌学情绪越发不可收拾，等学到“小汤3”结束的时候，我把自己反锁在厕所里，打死都不去上钢琴课。

这换谁家都要炸开锅，我妈却出乎意料地冷静，开始和我谈判。

“你是不是不想弹钢琴？”

我点头。

“那我们明天把钢琴卖了？”

我点头。

“那好，这是你自己的决定。你记好了，是你自己放弃这件事情，后悔也是你自己的事情。”

我妈轻描淡写，然后第二天，马上把钢琴卖了。

说实话，后来我看着钢琴搬走留下的空位，包括后来上高中时知道我的班上有大半班同学钢琴满级时，曾经后悔过。但学会放弃一件不喜欢不适合的事，不管前期耗费了多少心血，不管已经播撒下多少成本，这是母亲教会我的。

后来遇到任何我想放弃的事情，我妈都会轻声提醒我“钢琴”。自从钢琴之后，我几乎能够坚持我认为我应该坚持的所有事情：画画、跳舞、表演，写作。

我能坚持的事情，我都愿意把它做到极致。

小学高年级那段时间，国内刚流行直排轮，非常昂贵，那时候家庭也不宽裕。

我妈却买了国外牌子（那时候国内的牌子都没有安全轮，不适合小朋友），然后戴了进口的护具，也没有找老师，直接就说：“溜着玩去吧！”

轮滑现在还是只能平地里溜着玩，各种花式也不会溜。

我妈的原则，我现在还受益匪浅，她的理论是：人要将有限的精力不平均地放置在“决定要做的事”和“只是培养兴趣”的事情上。付出百分之两百的精力在决定要去做的事情上，这样才会有百分之九十的收获。但只要付出百分之三十的精力在培养兴趣，能达到百分之六十的成就，就已经算是成功。

在任何行业里，达到百分之六十，都只要努一小把力就能做到。

而在任何行业里，达到百分之九十，都是百分之百乘以几倍的努力，才能达到。

她不像那些胡乱填鸭，给孩子报满补习班，企图“样样红”的父母。

用她的话说，我允许你在广泛的行业里玩票，但一定要拥有一个能陪伴你一生、并且你能从中获得恒久成就感的爱好。

是啊，我如她所想，我美好的童年，现在看来一无所成。但也如愿没有沾染上任何不好的习惯，我有足够多的爱好可以填补我的生活。

面对挫折能力：当事情发生就去面对，反正没有什么会糟糕到无法补救。

有段时间父亲的生意做得不好，对于那段时间的记忆，是惨到了大年夜我们要关了灯趴在桌子下躲债，爸爸的车卖了，家里房子抵押了。

可是，除此之外我的生活几乎没有变化，我甚至无法记得这个变化具体发生的时间。

兴趣班照常在上，舞蹈、画画、游泳。新衣服也从未少过。

生活有多难，其实我从来不知道。

我曾经偷偷翻过母亲的日记，那本她锁在柜子里，说着要等结婚那天拿来给我做嫁妆的日记。如果不是因为那些悉心的记录，我的记忆力里，贫穷就好像被抹去了一样。

“他（爸爸）心里也不好受，可是就算这样，也不能苦了女儿，让她觉得在幼儿园里有什么不同。”

“想给女儿报个音标班，还想再给她报个作文班，可是太贵了，加起来要530元，是一个月的生活费了。”

“今天路过药店的时候，看到一种增高的药，565元，我犹豫了一下还是买了下来，女儿现在已经是大姑娘了，才153厘米真让人焦急。”

“给女儿报了游泳班，听说她已经学会了游泳，我还没去看，但总会去看的，希望通过游泳有健康的身体。”

那时候的我理所当然地毫无察觉，只觉得贫穷都是大人的事情。父母没有一刻，让我以自卑的面貌出现在同龄人面前。

我依然能有很好的文具，只是妈妈说，你要省着点用。

我依然能穿同龄人里很好看的衣服，只是妈妈说，你要穿得小心点，否则脏了就不好看了。

对贫穷的印象只有一次。老师说：“你女儿很有天赋，上了全国小主持比赛初选，要不要试一试。”

我妈第一次犹豫了。

后来我自己从外婆那儿要来了500块钱交给老师，我妈知道后气急败坏：你知道500块钱有多不容易吗?

她生气。气得是我一天都没排练，就指望占着一点小聪明蒙混过关。做这种以卵击石的白日梦。

然而，我的才艺表演是小鸭子，正式比赛的前一个晚上，她连夜给我做了鸭子服。小鸭子有条背带裤，我还记得很清楚，黑色的底，白白的小点点。

比赛办在我们省会最大的商场里，其中有个环节是现场念绕口令。其他的小朋友都经过训练，一个个都是身经百战的老练模样。唯独我不懂游戏流程，临时看着题版，懵了几秒才作答。

全国性的比赛，大将云集，我理所当然地落选了。

主持人宣布结果之后，我又孬种地回妈妈怀里哭鼻子。

我妈雄赳赳气昂昂说：“咱娘俩去吃肯德基吧。”

一路上捏着我哭花妆的脸说：哎呀，哭多没出息。我姑娘不错，别看一天没练，这还藏着一技呢！你看，都没练过就能说那么好，要练过还得了？你可得好好练啊！

“富养”是即使贫穷，就试着去淡化“贫穷”的概念。以前笔盒里有两块异形橡皮，现在只有一块了，但仍然还有。告诉孩子“勤俭节约是美德，我们是为了要成为有美德的人，所以现在只能用一块橡皮”，而不是“因为我们穷”。

《美丽人生》里的犹太父亲，对儿子谎称集中营里的生活是一场游戏。所以苦难，便一点点被瓦解。这不是逃避苦难的做法，反倒是一遍一遍重复“苦难”，强化“挫折”，才会连仅剩的幸福都逃避掉。

选择工作和爱人：你必须、绝对、一定要选择你所爱的。

我本科学医，现在在做自己喜欢的媒体行业。

迈进医学院大门没有一年，才过了一轮见习，几乎还没有尝到蜜月期，就感受到了对医院环境的不适应。曾经想过转专业，但医学院并没给我除了医院之外更好的选择。

我每天都在看着那些我不感兴趣的课本，然后在规矩甚严、每天点名的教室里抄着PPT，这些都不足以恐惧。未来可能面对的乏味生活才真的让我想想就战栗。

医学，这种带有一定特质的工作，并不适合每个人。一个学校里，想逃离的人无数，但医学院毕业，除了医院，我们几乎没有其他的选择。读过医的孩子都知道，在刚走出校门就放弃这一行是怎样的艰难。任何一个行业，我们都要重新白手起家，从零开始。

实习期间，我们全家都没有人问，未来你会怎么生活？反而统一成了支持的声音。

甚至连家里的老人都语重心长地说，你要选择喜欢的事啊。

但我却害怕从头开始，害怕走一条不确定的路。

我说："我不知道有没有人要我。可能很多年后，同学的工资零头可能都比我多。"

我妈就说："有什么可怕的。鱼肉换清粥，吃不起的话回娘家，养你到老。"

一剂定心丸，一条后路，能给走错路的人折回来的勇气。

刚入职的时候，我拿到了一场一直特别想看的话剧的邀请函，可惜地点太远，就算航班来回加上看剧，至少需要请两天假，时间还是工作日。

那时候还是职场新鲜人，行事谨慎，害怕耽误工作，根本不敢请假。

收到邀请函的时候，和我妈唠起过这件事。那几天回来之后，我自以为伪装得很好，一言不发就回书房蒙头做事。

结果我妈进来说："还愣着干什么，赶紧去请假，想去就去，反正你不去，在家里也不会安心的，你以为你不去就能好好工作吗？"

我说没想去，太远了。

我妈反倒呛我："你不是喜欢那个演员很久了吗？不去看看会不后悔的。"

我自我纠结了很久，最终在话剧开场那天的早上买了车票。中午下班回去收拾行李，我妈说："唷嘿！我就说你会肯定要走，网袋我都给你洗好，天气预报说那里有点冷，带件外套去。"

她不追星，但从来不反对我追星，是每次追星活动后的"神助攻"。她说，她觉得追逐所爱是件多么美好的事，为什么要阻止？

小的时候，因为追星不免要麻烦她保驾，所以她提出要做交换。

我曾经用提前写完一周的家庭作业换来凌晨十二点在她的陪伴下去接机，也在她的帮助下请病假逃课去看明星访谈。

现在想来，偶尔旷一节课，对于我未来的人生只有微不足道的影响，但是如果在当下，错过了极其想做的一件事，仍不免遗憾。

不要以为孩子是没有记忆的，就算是个大人，得不到的也总会念念不忘。而母亲设置的小障碍，让我有一种所有的收获都是通过自己努力得到的美好感受。

不过，我妈每次都一边助攻还要一边揶揄我："她有啥好？长得又没有电视上漂亮……"

消费观是大家最经常放在第一个谈的，我反而放在最后。是因为自己践行得不好。可能是物极必反，我反而成为家里最省钱最多事的那个。

我母亲的性格是：只有十块钱，一元买花，三元买裳，五元保养，剩一元吃喝，就算做了乞丐还要掖着裙角。

而成长过程中，父亲最舍得花钱，也经常带我去的地方是图书馆、博物馆、美术馆和科技馆。

大概我出生的时候，20世纪90年代，那时候环绕立体声的音箱还不常见，我爸就执意要买。觉得其他的都是噪音，听多了对不起耳朵。

他们都认为，最值得的消费是投资给自己的。

倒是现在的我，会为了省钱买一些稍微便宜的衣服。拿着自己微薄的存款发自心底地嘿嘿傻笑。不知道是时日未到呢，还是本性难移？

第一，富养的孩子，比其他人多出来了犯错机会。

是不把自己狭隘地放在被保护的地带，愿意有机会就出去"闯一闯"，有人说，年轻时因无知而犯下的错误，不能称之为大谬，老来跨出围城，早已失去犯错机会，独战凄风苦雨，才最是悲凉。

第二，给足了视野，把生活的起落看得全面。

我一直认为视野对人很重要。这里的视野并不单单指多去几次旅行，拍几张颜色艳丽的游行照。多读几本书，多去几次博物馆，这种用内心去丈量世界的态度，才是我所谓的“富养”。体验过生活多面性的好处，就是在任何挫折里都有爬起来的决心。一条死路走到头，不至于耿耿于怀，无非是多费些气力折回来。

第三，真正的富养是陪伴、尊重和信赖。

如果让我斗胆来总结一下“富养”给我带来的一些正面影响，大概是以下几点：

1. 能用钱解决的问题都不是问题。这话虽然说起来很狂妄，但不无道理。

2. 只考虑想抵达的地方和最佳的解决方案，而不是浪费时间去考虑付出值不值得。

3. 在清楚地认识到一件事物失去价值的时候，可以随时放弃。

4. 尊重孩子的任何决定，但做好随时保护的准备。等她哭着回来承认“爸爸妈妈我错了”的时候，二话不说地给她一个温暖的拥抱。

5. 如果连家人都无法陪伴，算什么厉害?

6. 爬的多高，都知道有人在下面准备接你。就像，无论你遇到什么样的悬崖，都有铺在身下的一张网。

7. 不去做事后诸葛，数落不停，过去了就过去了，不翻旧账，想着弥补的方案。

8. 读书、事业、爱情、家庭、子女……任何事情都只是人生的一小部分，均衡才能没有“短板效应”，在抽走任何一块时都不被打垮。

原生家庭让我知道，一个母亲带着全部爱的“富养”，是可以抹去你身上所有有关贫穷的印迹。

你特别想越来越快成功，赶在她老去之前。却又不想太快成功，怕误了与她共赏的良辰美景。

我经常和我妈开玩笑，我上辈子一定是拯救了银河系，才换来了这个此生不换的母亲。

她居然嘎嘎一笑，丝毫不谦逊地自夸说，她大概上辈子欠了我一整家连锁银行的钱，从一开始我就说了，我不是很好的女儿。如果我再好一点，在这样的原生家庭里，应该会长成为普世价值里更优秀的人吧。

得体是一个女孩子最基本的修养

[1]

和七八个人组团一起去南山看那棵名声远扬的银杏树。1500多年前，唐太宗亲手栽的银杏树，在初冬的暖阳下，灿烂的招摇着。队伍中有一个姑娘，踩着高跟鞋，走一步陷一步。

美丽的姑娘，不是三天前都说了活动内容是爬山，看山脚下的银杏树么。你穿着高跟鞋和短裙，还有白色的皮草。

你说，这样照相好看。确实，出发前合影时，在其他人的一片黑、灰和深蓝色中，你美的像一朵雪莲花，穿着漂亮，妆容精致。可是，真的好看吗?

亲爱的，穿裙子爬山，穿高跟鞋打球，或者穿带洞的牛仔短裤上班，一点都不好看。

似乎总是有一些爱美的姑娘，为了好看，丢掉了得体。

[2]

参加同事的婚礼，小A让我注意看旁边的一个引人注目的美女。她穿着一身白色的长礼服，也许是跟大家都比较熟，频繁的在宴会厅飘来飘去。比起穿着香槟色敬酒服的新娘，这里更像是她的主场。

这位女士身姿曼妙，笑容甜美。在场的人却鲜有赞美之语。以朋友身份参加别人的婚礼，是来送祝福的，就算顺带社交，也不该喧宾夺主，不讲分寸。

之前办公室的S，把各种各样的玩偶往办公室里放。我不惊讶她那么不遮掩的表达自己对凯啼猫玩偶的喜爱，惊讶的是，她怎么有勇气把自己的办公桌变成“玩偶之家”，色彩斑斓，温馨可爱。

可是各种萌物和图纸混杂在一起，不好看。一次甲方来开会，引导甲方到会议室，路过S的办公桌。S正好不在，甲方问我：“若是你们有人晚上加班，是不是还可以把小朋友带到办公室来，在这里游戏？”

漂亮，不止有一种模样；好看，也不是最重要的选择。得体，比漂亮、好看重要多了。

施工现场考察，宽松的上衣，运动鞋，耐磨的牛仔裤，还有绾起来的长发，远比一袭长裙好看。

专业人员的办公桌，整齐而干净，或用一两件色彩鲜艳的办公用品装点，远比摆上一堆花花绿绿的布偶好看。

参加学术会议，基本款的衬衣和过膝盖的中长纯色裙子，远比深V领紧身T恤加短裙好看。

任何时候，打扮得不那么紧跟潮流也没关系，得体整洁才是智慧的选择。

得体整洁，不喧宾夺主，安安静静地出现在各种场合，才是最好看的，也会赢得别人的尊重。

[3]

一个懂得尊重的人，可以不知道给橙色上衣搭配一条绿色围巾，也可以不会画精致的淡妆，但总该知道，爬山不穿高跟鞋，工作不穿人字拖；可以不太了解职场规则，也可以不知道怎么让自己看起来时尚又职业，但走进办公室之前，就应该知道，不在办公室当众补妆，不把过多的跟办公无关的东西摆在办公桌上。

在得体的基础上，再谈好看。不得体，好看就无从谈起。

披着头发好看，如果可以，到别人家做客的时候，把头发束起来，以免走之后主人家地板上到处是飘落的长发。

高跟鞋和短裙好看，在一些相对严肃的场合，还是尽量让裙子稍微长一点，让鞋跟稍微矮一点。

亮晶晶的指甲好看，如果经常跟职场人士接触，还是不要让自己的指甲比能力耀眼，更不要为黑色的指甲辩解。

不得体，再好看也是失败。不得体的好看，别人读出来的不是“好看”，是“好傻”。

曾在时尚杂志上看到一段话：漂亮是一种独立的感念，而得体是品格的输出。在任何场合，我们都需要清楚身份以及和他人的关系。

当然，既得体，又好看，最好不过。但是如果需要选择，记住得体比好看重要多了，也高级多了。得体，是对人对事最基本的态度，是一个人“品格”的输出。

再不果断，秋天又来了

人在世上，每一天都在探索，都需要果断的决定。即便做一个武断的莽汉，也比做一个犹豫不决的聪明人更快意些。

有没有发现一个怪现象，很多古代口口相传的几大爱情故事的男主，都有点婆婆妈妈、优柔寡断，最后成为爱情的殉葬品。从梁山伯到董永，从贾宝玉到许仙。

这里面有个致命的因素，悲剧爱情中的男主大多阴柔，顾左右而言他，一到关键时候就“掉链子”，玩自责、玩失踪、玩迫不得已，之后再玩海誓山盟，好像没什么用，今生都托付不了，来世变成蝴蝶又能如何，花间飞飞，风雨一来就死定了。

大美女林青霞与秦汉的爱情可谓是比琼瑶剧还曲折，分分合合，牵肠挂肚，结果终于等待秦汉离婚了，我们就盼着有情人终成眷属的时候，剧情却直转直下，嫁给了王老五刑李原，跌破影迷的隐形眼镜。其中缘由一直是个谜团，最近几年林青霞出书，秦汉出声，渐渐还原了真相。

原来，成为自由身的秦汉反而在婚姻上迟迟不肯给林美人一个承诺，优柔寡断在秦汉身上显现的特别典型。我去，琼瑶戏演多了吧，以为谈恋爱就跟演戏似的，假戏真做了才发现没考虑妥帖。

而秦汉独独缺失果敢，扭扭捏捏，踟蹰徘徊。更不齿的还在后面，最近秦先生发声说，他现在的妻子比林美人漂亮多了。听完这个声音，我不得不说：原来一个优柔寡断的男人终究会给出一个白眼狼的理由。

林美人谈及自己的情伤时是这样说过，1991年拍《新龙门客栈》时正值她和秦汉的感情陷入低谷，那一年也成了她哭得最多的阶段：“人家说，孟姜女哭倒长城，我林青霞从敦煌哭到兰州，再从黄河哭到香港去医治眼睛。”

最后终于拍到杀青戏，林青霞在寒风中坐了4个小时悄悄哭泣，不想被人发现，导演徐克从监视器里看到了这一幕，也颇感鼻酸地说：“青霞，是我不好。”而她则答：“不，是我命不好。”

之后，林青霞很快选择嫁作人妇。林青霞给出的理由是：因为被他（刑李原）的果敢和真诚所打动，言语中是对秦汉懦弱行为的报复。

由此看来，优柔寡断的男人是幸福生活的杀手，同时也是女人的不幸。优柔寡断不是温柔，是不负责任。

钱钟书和杨绛可谓是文坛泰斗级别的人物，在为人为文的果敢上也是后辈仰望的高山，“文革”中，夫妻双双落难，尽管无数次受到造反派的隔离审查、挑拨离间。

钱钟书果敢的说：“我相信她。”杨绛也是，年轻时候就暗恋她的费孝通，费老晚年时知道杨绛女儿丈夫双双离世的遭遇，来访。

旧友重逢，交谈甚欢，但怕费老多想，送客人走的时候，杨绛果断地说：“楼梯不好走，你以后再不要知难而上了。”费老瞬间领悟了她的意思，从此彻底死了心。

拿破仑小时候是一个犹豫的孩子。但是他发现，他想要做的事情如果不马上去做或表态，就会失去。

比如，爸爸问他想不想去姑妈家，他一犹豫，爸爸便带着其他人抽身走出家门，比如：继母问他要不要吃糕点，他一迟疑，糕点马上成了弟弟的美餐。

这样的事情多了，他养成了一个习惯，当机立断，后来的事情大家都知道了。

果断是一种教养和能力，也是一种胸襟和气度。是当机立断的帅气和干练担当的底气。遇事要有谋略，行动果断不犹；得事当勇，直面可解，躲避难结。优柔寡断的人很难成功，因为总是前怕狼后怕虎，原地踏步不敢前进结果被毛驴踢之。

果断是一种自信，用在情感上，是重情重义、一言九鼎的气魄。用在事业上，是对周围环境的准确把握，认识和评估做出的决定。

人们走在十字路口，总会有一个人站出来给明方向。或许，这个方向不准确，但我们果敢做出的决定，给修正预留了时间和机会，人生不怕走弯路，但最怕原地纠结。一个公司的经营决定性的环节是决策，美国著名的管理学家西蒙就曾经提出“管理就是决策”的著名论点。

人在世上，每一天都在探索，都需要果断的决定。即便做一个武断的莽汉，也比做一个犹豫不决的聪明人更快意人生。

我的大爸一生都是想起什么做什么的人，他凭着自己的这股劲儿，走出了草原，去了自己想要去的地方，过了自己想要过的生活。而我的父亲，一生谨小慎微，一生生活在牧区，现在说起来都是遗憾。

我喜欢音乐，准备录歌的时候，从家人到朋友99%是反对的。但是，我想就当作请朋友喝酒把钱花了。结果，录了歌曲，交了朋友，成为我生活的乐趣，关键还争得了“银子”。

我自己还没少了胳臂短了腿，有什么不好？再听那些当初反对的人，尽管是当时说“凭着猛劲，无知无畏”，但后来至少为我的果断觉得不可思议！

大话西游里有句经典台词：曾经有一份真挚的感情摆在我的面前我没有珍惜，等我失去的时候才追悔莫及，人间最痛苦的事莫过于此，你的剑在我的咽喉上刺下去吧，不用再犹豫了！

如果上天能给我一次再来一次的机会，我会对哪个女孩说三个字“我爱你”，如果非要在这份爱上加一个期限，我希望是一万年！这其实是优柔寡断的续集，再反悔有何用？

前阵子《美人鱼》上映，都在集体盘点周星驰的几段感情，满篇都是追悔莫及，难道我的偶像你真的真的是至尊宝附体了吗？下一回决心吧，要知道，错过了就是永远。

果断的人一定敢于承担的人。两个人情感中，果断是担当；事业中，果断是魄力和胸襟；在一个团体中，果断是权威。

一件事情做不做，什么时候做，该怎么做，都需要当机立断，晚了，机会没了，错了，重新来过。正所谓青山常在，柴不等人。

人生每天都是重新开始，我们能左右的就是出发还是等待。再不果断，秋天又来了。

给予是最好的沟通

目前在一群买菜的大爷大妈眼里，我是一道不一样的风景，深受小贩的喜欢，因为我从不问价，也不讨价还价，且找回的零钱都不要，算是“中国式小费”，因此他们也对我特别厚道。

我每天都买一大把芹菜，平常要5元左右，天冷的时候不愿下楼，有个卖菜的大姐就主动帮我从另一个卖菜的大哥那里“批发”一把，量一样多，她只肯收我两元……平时看起来很慷慨的“不要”，最后其实“要”回来得更多。

慷慨，最讨人喜欢。若还不是“成功”的人，先做个讨人喜欢的人。小气的人，释放的常常是负能量。

有个同学特小气，每次打电话，都是响一声就挂了，意思是让对方打过去。有一次，他痛心疾首地对我说：“我女朋友太败家了，一顿早饭吃了我5块5！”

小气是一种人格缺陷，是阻碍品格升华的最大障碍，也是没有破“我执”的表现。小气是一种消极的自我防御机制，常常自私、冷漠、封闭。大方也是生意经。格局决定成败，大方才容易成功。

华谊老总王中军说过：交朋友是第一生产力。或者说，圈子决定位置。交朋友是个技术活。这个年代，双拳难敌四手，经营好人脉也就成功了一半。

“给予是最好的沟通”，这是泰国的一则公益广告。对恩惠最好的回馈，便是将助人之心传递。

哈佛商学院的心理学家发现，人们如何花钱和如何赚钱同样重要，都能增加他们的幸福感。真正不羁的灵魂不会真的去计较什么，因为他们的内心深处有国王般的骄傲。

穷人问佛："我为何这样穷？"佛说："你没有学会给予别人。"穷人说："我一无所有如何给予？"

佛说："一个人一无所有也可以给予别人七种东西：颜施，微笑处事；言施，说赞美安慰的话；心施，敞开心扉，对人和蔼；眼施，善意地看着他人；身施，以行动帮助别人；座施，谦让座位；房施，有容人之心。"

所以没有意义计较的太多，多给予别人，你可能会收获意想不到的东西。

靠脾气赢来的绝不是真正的胜利

从小我的性格就比较男孩子气，仗着父母的宠爱，做事也一直挺强势。这让我成为了一个不愿意认输的小孩。好在一路成长过程中似乎没有经历什么特别大的挫折，找到个不错的归属，有份舒心体面的工作，过着平淡而真实的生活。

有段时间，我爸逢人就夸我：“我家女儿从小就有主意，她的事完全不需要我们操心，自己过得不也挺好嘛！”我一度引以为傲，觉得自己真是有性格、有主见，很不错。

直到我步入婚姻生活之后，总会因为对丈夫这样或那样的不满而发脾气。而最让我抓狂的是，讲道理我根本就说不过他，只能怀着一肚子委屈大发雷霆，从声音和气势上去压倒他。心想着：不能低头，皇冠会掉，坏人会笑！

“你可别总以为自己很了不起，其实傻横傻横的。”渐渐地，在多次激烈的争吵无果后，我才愿意去思考他的这番话。我必须要承认，我确实有更聪明、更柔软的方法让他去做一些改变，为什么一定要发脾气呢？一发脾气，事情就先坏了一半。道理上说不过别人，气势上再强，脚跟也是软的。

R是我工作中认识的一个好姐妹，身材匀称，皮肤白皙。最早认识R的时候，她在一家单位做会计，年薪十万有余，算是个条件挺优秀的女孩。再然后，她找到了她的“真爱”，怀孕后就一直在家相夫教子，成了一名尽职尽责的全职妈妈。丈夫对她不错，有一段时间，她全职妈妈的生活倒也还算充实幸福。

可这种生活在她一次家庭理财失败后发生了改变。她把丈夫放在她名下的二十余万家庭存款，一次性投资给了一个做理财项目的朋友。结果这名不靠谱的友人因为涉嫌经济诈骗被抓，二十万元瞬间打了水漂。她的精神比她丈夫崩溃得还快，丈夫虽然对她没有太多埋怨，但信任感因此打了很大的折扣。

“我无意间听到他妈妈在电话里说我不出去赚钱还总管着她儿子，我真的很生气！我还不是为了家庭？我准备摊牌。”R几天前给我打来电话，如是说。我碍于普通朋友的面子没有明说，但劝她再想想问题到底出在哪？有没有更好的解决办法？

R也是个要强的女孩，在她身上我看见了自己的影子。必须承认，R的投资失败是一场由她造成的错误。她非但没有承担起这个错误的责任、想办法弥补损失、为自己争一口气，反倒在丈夫面前扮演一个受害者的角色。当别人开始议论她时就会生气，可那么一个“摊牌”二字，又能为她挽回多少尊严呢？现实很残酷也很公平——对峙中，并不是谁脾气大谁就更厉害。重要的是，你要有能解决问题的能力，这是一种扎扎实实的本事。

“你不蒸馒头，也要争口气嘛！”小时候，家人总会用这么一句来激励我们，教育我们面对挑战绝不认输，颇有一种输人不输阵的架势。但如果都没有口馒头吃，哪里有力气去争那口气？

生活中也是一样的道理。如果你不去学习，不学会如何充实自己，让自己变得更加强大和更智慧，哪里还会有争气的底气？

无论是工作还是生活，都不要拿脾气当作你与他人博弈的武器。如果你侥幸胜利了，也要知道，那并不是因为你的脾气，而是因为别人的退让。

所以，靠脾气赢来的绝不是真正的胜利，其实皇冠早就掉了，坏人笑得更开心了，别让自己成为穿新装的皇帝。

一切暴脾气，都是纸老虎。你只有认真、踏实地去面对自己的失败，才能够从中获得学习的动力，从而成为一个有料、有底气、平和而强大的人，这才是真正的争气。